오늘도 즐거운 세계 빵 탐험

일러두기

- 본 도서의 맞춤법과 외래어 표기는 국립국어원 맞춤법과 외래어 표기를 따랐으며,
  용례가 없는 경우 원어의 발음을 따랐습니다. 단, 일부 말맛을 살리기 위해 예외를
  두었습니다.

- 각 레시피에 사용된 재료나 베이킹 용어의 경우 최대한 해당 국가의 표기를 따랐습니다.
  단, 일부 국내에서 부르는 단어가 관례로 굳어진 경우는 예외를 두었습니다.

- 이 책에서 소개하는 레시피 중 일부는 전통 방식을 토대로 가정에서 만들기 쉽게
  바꾼 것이며, 전통 방식과 차이가 있습니다.

오늘도 즐거운

세계
빵
탐험

하오니 지음

신기하고 재미난 세계의 빵들,
하오니의 홈베이킹

현익출판

목차

♟ 프롤로그 ♟

　안녕하세요, 세상의 재미있는 빵을 탐험하는 빵 탐험가 하오니입니다. 이 책으로 저를 처음 알게 되신 분들에게는 '빵 탐험가'라는 단어가 생소하게 들릴 것 같습니다. 저는 말 그대로 빵의 세상을 탐험해 여러분들께 재미있는 빵과 빵 이야기를 전하는 사람입니다. 빵의 세상이 몹시 넓어, 빵탐험을 시작한 지 5년이 되어가는 지금도 매번 새로운 빵들을 만나고 있습니다. 저는 프로 베이커도 아니고, 베이커리 사장도 아니지만 제가 하고있는 이 일을 가장 잘 나타내는 단어가 단연 '빵 탐험가'라고 생각합니다.

　이 책에서는 단순히 빵을 소개하는 것보다 빵 자체의 재미있는 이야기, 빵을 만드는 과정과 재료, 역사와 문화 등 다양한 이야기를 전하고자 했습니다. 저에게 빵은 먹는 음식보다 만들어 보고 탐험하는 대상에 더 가깝기 때문에, 여러분에게도 이 '빵 탐험'의 재미를 나누고 싶었습니다.

　사실 이 책에서 소개한 빵 외에도 알려드리고 싶은 빵들이 많습니다. 궁금한 빵도 수두룩하고요. 여러분이 언젠가 세계 여행 중에 봤던 빵도, 앞으로 보게 될 빵도 이 책에서 많이 만나시길 바랍니다. 그리고 늘 만들던 빵 말고, 한 번쯤은 이 책에 나오는 세상의 재미있는 빵들을 여러분도 집에서 만들어보며 탐험해 보시길 응원합니다. 또 여러분이 빵 이야기 하나로 여행을 결심하거나, 어떤 빵을 더 알아보고 찾아보는 일도 생겼으면 좋겠습니다. 제게는 여러분이 빵을 탐험하는 그 과정에서 빵보다 훨씬 많은 것들을 발견하게 되실 거라는 확신이 있기 때문입니다.

빵을 탐험하면 할수록 빵 하나가 지닌 힘이 얼마나 큰지 점점 더 깨닫게 됩니다. 빵은 저를 일으키고, 잘하고 싶게 만들고, 끊임없이 호기심을 자극해 넓은 세상을 찾아보게 해주었으며, 사람들과 연결해주고, 제가 가진 것을 나눌 수 있게 해주었습니다. 이 책을 통해 단순히 많은 빵, 새로운 빵을 알게 되는 것을 넘어 여러분의 세계가 확장되길 바랍니다. 꿈을 꾸고, 경험이 늘어나고, 취향을 알아가고, 살아가는 재미를 느끼시길 바라요.

늘 하던 인사로 마무리합니다. 눈으로 읽는데 제 목소리가 들리는 신기한 체험을 하시길 바라요. "그럼 오늘도 즐거운 빵 탐험하세요!"

이 책에 쓰인 용어

발효종 관련

발효종
물, 밀가루를 섞어 야생의 효모와 유산균을 키운 것으로, 빵을 부풀리는 데 사용하는 일종의 반죽.

르방*Levain*
발효종의 프랑스식 표현.

사워도우*Sourdough*
발효종의 영어 표현. 혹은 발효종을 넣어 만든 산미가 있는 빵을 폭넓게 가리킨다.

사전 발효 반죽
본 반죽 이전에 소량의 드라이이스트 혹은 발효종과 물, 밀을 섞어 사전에 발효시킨 반죽.

로스친*Rozczyn*
폴란드에서 사용하는 일종의 사전 반죽으로, 이스트의 발효력을 확인하고 활성화시키기 위해 만들어 사용한다. 이스트와 설탕, 밀가루, 우유를 섞어 만든다.

리에비토 마드레*Lievito Madre*
수분율이 50% 이하인 단단한 형태의 이탈리아의 발효종. 파스타 마드레*Pasta Madre*라고도 불린다.

비가*Biga*
소량의 이스트로 장시간 발효시킨 이탈리아식 사전 반죽.

그 외

Tipo 00 밀가루

이탈리아의 밀가루 분류 중 가장 고운 것.
Tipo 0, Tipo 1 등 뒤의 숫자가 높아질수
록 밀가루 입자가 거칠어지고, 회분 함량
도 높아진다.

그리스*Grieß*

세몰리나의 독일식 표현.

누름돌

타르트나 파이 반죽을 구울 때 부풀어 오
르는 것을 막는 용도로 쓰이는 도자기 또
는 세라믹 재질의 돌.

더치 오븐*Dutch oven*

두꺼운 주철로 만들어진 뚜껑이 있는 조리
용 주물 냄비. 집에서 하드 빵을 구울 때 오
븐의 부족한 열을 보완하기 위해 사용할
수 있다.

라드*Lard*

돼지의 지방조직을 가공해 만든 반고체 형
태의 하얀 기름.

라우게*Lauge*

브레첼을 만들 때 사용하는 가성 소다(잿물)
의 독일식 표현.

마지팬*Marzipan*

아몬드 가루, 설탕, 달걀흰자로 만든 말랑
말랑하고 달콤한 반죽.

몰트*Malt*

보리 등을 발아시킨 뒤 건조한 것으로, '맥
아', '엿기름'과 같은 말. 제빵 공정에서 맛
과 향, 진한 색을 내는 데 몰트 액기스, 몰
트 파우더 등을 사용한다.

반느통*Banneton*

등나무로 된 발효 바구니. 수분율이 높은
반죽을 굽기 전까지 형태를 유지하기 위해
사용한다.

베이킹 스톤*Baking Stone*

빵을 올려 굽기 위해 사용하는 돌판. 가정
용 오븐에서 부족할 수 있는 아래쪽 열을
보완하는 데 사용한다. 피자 스톤으로 대체
가능하다.

살라모이아*Salamoia*

소금물이라는 뜻의 이탈리아어. 레시피에 따라 소금과 물을 섞은 것만 칭하거나 올리브 오일까지 섞인 혼합액을 칭하기도 한다.

세몰라*Semola*

듀럼밀을 갈아 만든 세몰리나를 한 번 더 갈아서 곱게 만든 것.

세몰리나*Semolina*

다양한 곡물을 거칠게 갈아 만든 가루. 가장 대중적으로 사용되는 것은 듀럼밀로 만든 것이다.

아이싱*Icing*

슈거 파우더와 액체(물, 우유, 크림 등)로 만든 달콤한 맛의 마무리 토핑. 구운 과자나 빵 위에 올려 단맛을 더하고 장식 효과를 낸다. 묽기에 따라 다양한 질감으로 만들어 사용할 수 있다.

아페리티보*Aperitivo*

저녁 식사 전, 입맛을 돋우기 위해 마시는 식전주와 함께 가벼운 안주를 곁들이는 이탈리아의 문화.

치미추리*Chimichurri*

아르헨티나의 대표적인 허브 소스로, 잘게 다진 파슬리, 고추, 올리브오일, 오레가노, 레몬즙 등을 섞어 만든다. 주로 고기 요리에 많이 사용한다.

카소나드*Cassonade*

비정제 황설탕(갈색 설탕). 사탕수수즙에서 추출해 결정화한 천연 설탕으로 갈색을 띠고 있으며 은은한 풍미가 난다.

캔디드 오렌지 필*Candied Orange Peel*

오렌지 껍질을 설탕에 절인 것. 제과 및 제빵에 폭넓게 사용한다.

코흐슈투크*Kochstück*

독일식 탕종의 일종으로, '익힌 반죽'이라는 뜻이다. 밀가루나 곡물을 미리 물에 익혀 사용하는 것을 가리킨다.

쿠프 나이프*Coupe Knife*

바게트, 사워도우, 호밀빵 등을 굽기 전, 반죽에 칼집을 내기 위해 사용하는 제빵 전용 칼.

크렘 무슬린*Crème mousseline*

크렘 파티시에에 버터를 섞은 것.

크렘 파티시에 *Crème pâtissière*

우유, 달걀, 설탕, 바닐라 등으로 만든 크림. 국내에서 '커스터드', 혹은 '슈크림'이라고도 불린다.

크렘 프레슈 *Crème fraîche*

크림을 발효시켜 만든 프랑스의 유제품. 사워크림과 유사하지만 신맛이 덜하며, 다양한 요리에 사용한다.

테프론 시트 *Teflon Sheet*

베이킹에 많이 사용하는 코팅 시트.

판 둘세 *Pan Dulce*

멕시코에서 달콤하게 만든 빵이나 페이스트리를 이르는 말.

프랄린 *Praline*

아몬드나 헤이즐넛과 같은 견과류를 캐러멜화된 설탕으로 코팅한 것. 그것을 갈아 고운 페이스트 형태로 만든 것은 프랄리네 *praliné*이다.

레시피 유의 사항

베이킹은 레시피도 중요하지만, 사용하는 밀가루나 오븐 등 환경에 따라 조금씩 상태를 봐가며 조정하는 과정이 꼭 필요합니다. 아래 내용에 유의하며 빵을 만든다면 더 맛있는 빵을 만들 수 있을 거예요.

- 반죽에 필요한 물의 양은 사용하는 밀가루에 따라 조금씩 다릅니다. 레시피의 물 양을 한 번에 모두 넣기보다는 조금씩 넣어가며 적당한 되기로 조절해 주세요.
- 사용하는 오븐에 따라 굽는 시간과 온도는 달라질 수 있으니 구워지는 상태를 보며 조절해 주세요.
- 일부 레시피는 전통 방식을 토대로 가정에서 만들기 쉽게 바꾼 것이며, 전통 방식과 차이가 있습니다.

자주 쓰는 재료 준비하기

커스터드(크렘 파티시에) 만드는 법

1. 냄비에 분량의 우유, 바닐라빈을 넣고 약불에 올려 가장자리에 기포가 올라올 정도로 데운다.
2. 우유를 데우는 동안 볼에 설탕, 달걀노른자를 넣고 거품기로 골고루 잘 섞는다. 설탕이 어느 정도 녹으면 전분을 넣고 모든 재료가 뭉치지 않도록 충분히 섞는다.
3. 우유가 데워지면 노른자 혼합물이 담긴 볼에 데운 우유를 3~4번에 나눠 넣어가며 거품기로 계속해서 젓는다. 데운 우유 전량을 넣어 잘 섞었다면 다시 냄비로 옮겨 담는다.
4. 냄비를 중불에 올려 거품기로 저어가며 끓인다. 냄비의 가장자리나 바닥에 눌어붙지 않도록 전체적으로 골고루 저어가며 끓인다.
5. 덩어리진 것이 풀어지고, 부글부글 끓으면 불에서 내려 볼에 옮겨 담는다.
6. 뜨거운 상태의 크림에 차가운 무염버터 한 조각을 넣어도 좋다. (생략 가능)
7. 랩으로 크림 표면을 덮어 밀착시키고, 얼음물을 담은 그릇 위나 냉장고에서 충분히 식혀 사용한다.

아이싱 만드는 법

1. 슈거 파우더에 우유를 아주 소량으로 넣어가며 저어 원하는 농도를 맞춘다.
2. 아이싱은 쿠키를 다 식히고 코팅하기 직전에 만들어 사용한다. (아이싱이 묽을수록 투명하게, 되직할수록 불투명하게 코팅할 수 있다.)

Chapter 1.

담백한 빵

BMO

Bolle med ost

덴마크의 담백하고 고소한 아침 샌드위치

덴마크어 'Bolle med ost(볼레 멧 오스트)'의 줄임말인 BMO는 직역하면 '치즈를 넣은 빵'이라는 뜻이에요. 이름처럼 만드는 법도 간단합니다. 담백하고 단단한 빵을 반으로 가르고 버터를 바른 뒤, 치즈 한 장을 넣어 만들죠.

덴마크에서는 아침으로 주로 담백한 빵에 치즈, 버터, 삶은 달걀 등을 곁들여 먹어요. 호밀빵인 루그브뢰드*Rugbrød*나 작고 둥근 빵 룬드스튀커*Rundstykker*, 볼레*Bolle* 등을 즐겨 먹죠. 어떻게 보면 누구나 아침 식사로 으레 떠올릴 수 있는 아주 단순한 조합의 아침 식사입니다. BMO 역시 갑자기 생겨난 게 아니라, 오래전부터 덴마크에서 흔하게 먹는 아침 식사의 일종이었어요. 그런데 2020년경부터 덴마크 코펜하겐의 베이커리, 카페 등이 이 샌드위치를 현대적으로 재해석하기 시작하면서 BMO가 조금씩 인기를 얻기 시작했습니다. 빵, 치즈, 버터만으로 구성된 아주 단순한 샌드위치가, 자신들만의 개성을 담은 각 매장만의 버전으로 거듭나면서 새로운 옷을 입게 된 거죠. 코펜하겐 구석구석을 돌아다니며 BMO만 먹으러 다니는 인스타그램 계정이 생겨날 정도였습니다.

BMO는 가장 단순한 재료들을 이용해 가장 맛있는 맛을 내야 하는 기본 중의 기본 메뉴이기 때문에, 만드는 사람의 실력을 고스란히 나타낸다는 이야기도 있어요. 우리나라로 치면 마치 "짜장면이 맛있는 중국집은 다른 메뉴도 다 맛있지!"라고 하는 것과 비슷한 게 아닐까 싶습니다. 담백하고 고소한 빵, 신선한 버터와 치즈. 단순하지만 좋은 품질의 제품을 써야만 제대로 맛을 낼 수 있는 BMO는 어쩌면 단순함과 품질을 중시하는 덴마크의 라이프스타일과도 아주 밀접하게 맞닿아있는 것 같아요.

BMO를 구성하는 빵, 버터, 치즈

　BMO를 구성하는 재료들을 하나씩 살펴볼까요? 먼저 가장 중요한 '볼레'입니다. 볼레는 한 가지 빵을 부르는 단어가 아니라, 작게 잘라 구운 '번*Bun*' 또는 '롤*Roll*'이라는 뜻이에요. 그래서 덴마크의 많은 빵에는 'Bolle' 'Boller(복수)'라는 단어가 사용된 것을 볼 수 있습니다.

퓌셀스테스볼러
Fødselsdagsboller
생일 파티에 주로 먹는
달콤하고 작은 빵

수어다이스볼러
Surdeigsboller
사워도우를 넣어 만든
작은 빵

고브볼러*Grovboller*
통밀, 호밀, 씨앗 등이
들어간 작은 곡물빵

세삼볼러*Sesamboller*
참깨를 묻혀 구운
작은 빵

　BMO에 쓰이는 빵은 주로 설탕이나 버터 등이 많이 들어가지 않은, 겉이 바삭하고 담백한 빵인 경우가 많아요. 가게에 따라 사워도우를 넣어 만들기도 하고, 윗면에 참깨, 양귀비씨, 오트밀, 해바라기씨 등을 붙여서 굽는 경우도 많습니다. 단순한 재료의 샌드위치인 만큼 무엇보다 빵이 맛있는 게 중요해요!

　다음은 안에 들어가는 버터입니다. 이름에는 버터가 빠졌지만, 버터도 BMO에 빼놓을 수 없는 중요한 요소예요. 빵에 따라 퍽퍽하거나 단단하게 느껴질 수도 있는 BMO에 버터는 적당한 부드러움을 줍니다. 가게마다 다양한 버터를 사용하는데, 그중에서도 돋보이는 것은 단연 '휩드 버터*Whipped butter*'! 버터에 버터밀크나 우유 등을 소량 첨가해 크림처럼 공기를 머금게 휘핑한 형태인 휩드 버터는 펴 바르기도 쉽고, 가벼우며, 산뜻한 식감과 맛까지 낼 수 있어 인기라고 해요.

마지막 재료인 치즈는 BMO의 맛과 인상을 담당합니다. 담백한 빵을 사용하기 때문에 치즈는 비교적 향과 맛이 진한 종류를 즐겨 쓰는 편입니다. 덴마크는 유럽에서도 손꼽히는 낙농 국가인 만큼, 덴마크 고유의 치즈인 단보*Danbo*, 감멜 크나스*Gammel Knas*, 하바티*Havarti* 등이 자주 쓰이고, 프랑스의 숙성 치즈 꼼떼 *Comté* 역시 BMO에 잘 어울리는 치즈로 유명하답니다.

밥 짓듯이 쉽게, 코펜하겐 스타일 브런치 만들기

제가 BMO에 관심을 갖게 된 계기는 '너무 쉬워서'였습니다. 덴마크 사람들이 이 빵을 정말 손쉽게 만드는 영상을 보았거든요. 빵을 만든다고 하면 으레 머릿속에서 지나가는 여러 가지 복잡하고 번거로운 과정들이 전혀 필요하지 않은 방법이었습니다. 그 덕에 우리가 밥을 먹듯이 매일 빵을 먹는 나라에서는 수고롭지 않게 빵을 만든다는 점을 알게 되었죠. 특히 이 방법이 대단한 비법인 것이 아니라, 정말 많은 레시피에서 이렇게 간단하게 빵을 만드는 점이 놀라웠어요.

이 방법을 여러분께도 알려드릴게요. 무려 손에 묻지도 않고, 반죽도 하지 않으면서, 성형도 필요 없는 아주 간단한 방법입니다. 손에 묻히지 않고 어떻게 빵을 만드냐고요? 모든 재료를 볼에 넣어 주걱으로 골고루 잘 섞고, 그대로 발효시킨 뒤, 물을 가볍게 묻힌 '숟가락'으로 반죽을 뚝뚝 떼고, 오븐 팬에 올려 그대로 구워주면 완성이에요.

물론 실제로 코펜하겐의 베이커리에서 판매하는 사워도우 번*Surdeigsboller*은 반죽도, 성형도 충분한 과정을 거쳐서 만들어집니다. 집에서도 예쁘고 볼륨 있게 만들려면 반죽을 작업대로 옮겨 여러 번 접어서 작게 잘라 구워도 좋아요. 하지만 간편하게 만들고 싶다면 숟가락만으로도 얼마든지 모양을 만들 수 있답니다. 저도 처음 덴마크 사람들이 반죽을 숟가락으로 뚝뚝 떼어내는 걸 보고 깜짝 놀랐지만, 근사한 빵이 완성되는 걸 경험하고 나서는 지금도 종종 이 레시피대로 BMO를 만들어요. 실제로 이 레시피에 도전해 본 사람들도 '너무 쉬워서 놀랍다' '빵을 이렇게 만들 수 있다니 신기하다' '빵을 처음 만드는 데도 성공했다'라는 반응을 보였답니다. 여러분도 한번 만들어 보세요. 들인 수고에 비해 훨씬 멋진 빵이 만들어질 거예요.

Recipe

재료

/드라이이스트 버전

강력분 또는 중력분 250g, 물 200g, 인스턴트 드라이이스트 4g(냉장 발효시 3g), 소금 3g, 몰트 1g(혹은 꿀이나 설탕 5g), 참깨

/사워도우 버전

사전 발효 반죽 150g(발효종 30g+강력분 60g+물 60g을 섞어 발효한 것), 강력분 또는 중력분 175g, 물 약 100g, 몰트 1g(혹은 꿀이나 설탕 5g), 소금 3g, 참깨

만드는 법

1. 볼에 모든 재료를 넣고 골고루 잘 섞는다.

2. 마르지 않게 덮어 드라이이스트 버전은 2배 크기, 사워도우 버전은 1.5배 크기로 발효시킨다. (냉장 발효시 드라이이스트 버전은 실온 30분, 사워도우 버전은 실온 3시간 발효 후 냉장고에서 반나절 발효)

3. 물을 묻힌 숟가락으로 반죽을 뜨거나 원하는 모양으로 잘라 오븐 팬에 올린다. 위에 참깨나 해바라기씨 등을 뿌려도 좋다.

4. 230도로 30분 이상 충분히 예열한 오븐에서 스팀을 주어 15~20분간 굽는다.

⛅ Tip!

- 씨앗은 참깨 외에도 아마씨, 해바라기씨, 호박씨 등 자유롭게 사용해 주세요.
- 몰트(설탕 혹은 꿀로 대체 가능)는 단맛을 위한 것이 아니라 색을 위해 극소량만 넣는 것이므로 꼭 넣어주세요. 생략할 경우 빵의 색이 창백하게 나올 수 있습니다.
- 씨앗은 반죽에 같이 넣거나, 반죽을 볼에서 꺼내 씨앗 위에 얹어 자르거나, 숟가락으로 떼어낸 반죽 위에 뿌리는 등의 방법으로 더해주세요.
- 스팀 기능이 없다면 반죽 위에 물을 골고루 분사한 뒤 구워주세요.

루그브뢰드

·

Rugbrød

반죽이 필요 없는 덴마크의 벽돌 모양 호밀빵

루그브뢰드는 덴마크를 대표하는 빵 중 하나입니다. 번역하자면 '호밀빵'인데, 호밀빵 중에서도 특히 아마씨, 해바라기씨, 참깨 등 다양한 씨앗을 넣어 직사각형의 벽돌 모양으로 구워낸 호밀빵을 루그브뢰드라고 해요. 재료를 골고루 섞는 정도로만 반죽하고, 치대는 과정은 거의 없습니다. 반죽이 굉장히 질척이는 편이라, 직사각형의 틀에 담아 오븐에서 1시간 가량 천천히 구워 속까지 충분히 굽습니다. 겉모습만 보면 검고 딱딱해 보이지만 생각보다 부드럽게 썰리고, 꼭꼭 씹을수록 퍼지는 호밀의 향이 아주 좋은 빵이랍니다.

루그브뢰드는 바이킹 시대부터 먹어왔다고 알려졌을 정도로 오래된 빵이에요. 호밀과 씨앗을 많이 사용하는 빵이기 때문에 한 조각도 밀도가 높아 식사용으로 제격입니다. 덴마크는 세계에서 다섯 번째로 호밀을 많이 생산하는 국가이자[1] 1인당 연간 호밀 소비량이 약 14kg[2]인데, 덴마크의 호밀 소비량이 대부분 이 루그브뢰드 덕분이라고 하니 덴마크에서 루그브뢰드가 얼마나 중요한 빵인지 알 것 같습니다.

루그브뢰드 속 가득한 씨앗의 비밀

루그브뢰드는 씨앗 없이 통 호밀, 호밀 가루로만 만드는 경우도 있지만, 대부분 호밀만큼이나 다양하고 많은 양의 씨앗을 사용합니다. 그런데 씨앗을 그냥 빵 반죽에 바로 넣는 게 아니라 꼭 반나절에서 하루 정도 물과 사워도우를 섞어 불린 뒤 사용해요. 단순해 보이는 과정이지만, 맛있는 루그브뢰드를 만들기 위해서는 꼭 필요한 과정입니다. 왜 씨앗을 불려서 사용할까요?

첫 번째 이유는 반죽을 촉촉하게 만들 수 있기 때문입니다. 불리지 않은 씨앗을 넣으면 건조한 상태의 씨앗이 반죽의 수분을 빨아들입니다. 그래서 반죽이 퍽퍽해지거나 건조해지기 쉬워요. 하지만 충분히 불린 씨앗을 사용하면, 씨앗이 반죽 속 수분을 과도하게 흡수하지 않아 촉촉한 식감의 빵을 만들 수 있어요. 두 번째 이유는 씨앗의 식감입니다. 불리지 않은 씨앗을 오랜 시간 구우면 단단하고 딱딱해져서 씹기 어려울 수도 있죠. 하지만 충분히 불린 씨앗은 식감도 부드러워지고, 빵 안에서도 단단하지 않게 구워집니다.

이게 전부는 아닙니다. 이번엔 조금 더 깊이 들어가 볼까요? 씨앗을 불려서 사용하는 것은 소화 흡수율을 개선하는 데 큰 도움을 줘요. 대부분의 씨앗이나 통곡물 등에는 '피트산*Phytic acid*'이라는 성분이 있습니다. 피트산은 체내에서 칼슘, 아연, 마그네슘, 철 등의 미네랄 흡수를 방해해요. 게다가 위나 소장에서 단백질을 분해하는 데 필요한 효소도 억제해서 소화 장애를 일으키기도 합니다. 그래서 아무리 건강하다고 알려진 통밀이나 씨앗을 많이 사용하더라도 피트산을 제대로 제거하지 않은 상태라면 사람에 따라 소화하기 어려울 수도 있습니다. 저역시 건강에 좋다는 통밀, 씨앗이 많이 들어간 빵이나 현미밥을 먹고 나서 가끔 속이 불편했는데, 아마도 피트산 때문이었던 것 같아요.

이런 문제를 일으키는 피트산은 물에 오랜 시간 담가두거나, 가열하거나, 사워도우로 발효하는 등의 처리를 통해 상당량 줄일 수 있어요. 루그브뢰드는 씨앗을 물, 사워도우에 오랜 시간 불려서 사용하는 데다가 피트산을 분해하는 효소인

피테이스*Phytase*가 다량 함유된 호밀, 맥아 등을 사용하기 때문에 소화도 영양 흡수도 잘 되는 빵이에요. 주재료인 호밀은 일반 밀보다 글루텐 함량도 훨씬 낮죠. 그래서 덴마크에서 이 빵을 밥처럼 매일 먹을 수 있는 게 아닐까 추측해 봅니다.

루그브뢰드를 가장 맛있게, 스뫼레브뢰드

루그브뢰드와 함께 자연스럽게 떠오르는 '스뫼레브뢰드*Smørrebrød*'. 덴마크 요리를 이야기할 때 항상 첫 번째로 손꼽히는 덴마크 대표 음식입니다. 스뫼레브뢰드는 '버터를 바른 빵'이라는 단순한 뜻으로, 19세기의 노동자들이 먹던 간단한 간식이었어요. 하지만 지금은 버터를 바른 빵 위에 치즈, 생선, 고기, 채소 등을 다양하게 얹고 화려하게 장식한 덴마크식 오픈 샌드위치를 일컫습니다. 덴마크의 식탁에서 빼놓을 수 없는 중요한 요리죠. 덴마크인은 루그브뢰드와 스뫼레브뢰드를 먹으며 자랐다고 할 정도로 자주 먹는 일상의 음식입니다.

덴마크에서는 주로 점심에 스뫼레브뢰드를 많이 먹어요. 보통 샌드위치를 먹는 것처럼 손을 사용하지 않고, 레스토랑에서는 꼭 칼과 포크를 이용해 조금씩 잘라 먹습니다. 대표적인 스뫼레브뢰드의 조합은 훈제 연어와 딜, 청어 절임과 양파, 작은 새우와 삶은 달걀, 로스트비프와 프랑스식 소스인 레물라드*Remoulade* 등입니다. 현대의 많은 덴마크 레스토랑에서는 저마다의 색과 개성을 입힌 다양한 스뫼레브뢰드를 만들어요. 시각적으로도 매우 화려하고 아름답습니다. 덴마크의 레스토랑에서 스뫼레브뢰드를 만드는 영상을 보면 어쩜 이렇게 예쁘고 안정적으로 재료를 쌓아가는지 놀라울 정도입니다.

루그브뢰드 말고도 다양한 빵으로 스뫼레브뢰드를 만들 수 있지만, 대부분은 루그브뢰드를 사용합니다. 마치 우리나라에서도 김밥에 현미밥, 잡곡밥을 쓸 수 있지만 보통 흰 밥을 쓰는 것처럼요. 루그브뢰드의 촘촘하고 탄탄한 식감이 물기가 많은 재료를 올려도 쉽게 풀어지거나 눅눅해지지 않고, 또 질기지 않아 많은 양의 재료가 올라가더라도 칼과 포크로 쉽게 썰어 먹을 수 있습니다.

처음 스뫼레브뢰드의 사진이나 영상을 보면 '빵이 너무 적은 거 아니야? 저걸로 식사가 된다고?'라는 생각이 들기 쉽습니다. 하지만 먹어보면 위에 올라가는 재료들이 상당해서 꽤 포만감이 듭니다. 덴마크에서도 두세 조각의 스뫼레브뢰드를 점심으로 먹는 경우가 많고요. 실제로 루그브뢰드를 구워 집에서 스뫼레브뢰드를 만들어 먹어보니, 신선하고 든든한 한 끼 식사로 충분했어요. 루그브뢰드를 만드신다면, 꼭 집에 있는 다양한 재료를 올려 스뫼레브뢰드를 만들어 보세요. 루그브뢰드를 가장 맛있게 먹을 수 있는 방법입니다.

Recipe

재료

/사전 반죽

씨앗(해바라기씨, 아마씨, 참깨 등) 150g, 호밀 발효종 30g, 호밀 가루(T130) 150g, 물 200g, 몰트 농축액 20g(생략 가능)

/본 반죽

호밀 가루(T130) 200g, 물 100g, 소금 10g

/기타

식물성 오일(혹은 버터), 장식용 씨앗(해바라기씨, 호박씨, 참깨 등)

만드는 법

1. 밀폐용기에 사전 반죽 재료를 모두 넣고 날가루가 보이지 않도록 골고루 섞은 뒤, 뚜껑을 닫아 서늘한 실온에서 12시간 이상 발효시킨다.

2. 사전 반죽이 모두 준비되면 본 반죽 재료를 넣어 주걱이나 손으로 약 5분간 골고루 섞는다.

3. 틀에 식물성 오일이나 버터를 얇게 바르고 반죽을 담아 손으로 윗면을 눌러 평평하게 만든다. 위쪽에 장식용 씨앗을 뿌려도 좋다.

4. 마르지 않게 덮어 따뜻한 곳에서 1.5배 부풀린다.

5. 200도로 예열한 오븐에 넣어 10분간 굽고, 160도로 낮춰 50분~60분간 굽는다. 온도계로 빵 가운데를 찔렀을 때 심부 온도가 96~98도 정도면 충분하다.

6. 오븐에서 꺼내 한 김 식힌 다음 틀에서 꺼내 완전히 식힌다. 최소 5~6시간 이상 완전히 식힌 뒤 썰어 먹는다.

☁ Tip

- 해바라기씨, 호박씨, 아마씨, 참깨 등 다양한 씨앗을 사용해 보세요.
- 사워도우를 사용하면 훨씬 향이 좋은 루그브뢰드를 만들 수 있어요.
- 바로 구운 것보다 구운 다음 날이 더 맛있어요.

미슈

Miche

크고 거친 빵의 매력(feat. 푸알란)

파리에서 가장 널리 알려진 빵집 가운데 한 곳이 어딘지 아시나요? 바로 '푸알란*POILÂNE*'입니다. 모두 프랑스 파리의 빵이라면 바게트를 먼저 떠올리겠지만, 여기 푸알란의 미슈도 빼놓을 수 없습니다. 미슈 혹은 푸알란 빵*Pain Poilâne*이라고도 불리는 이 빵은 한 덩어리에 1.9kg이나 되는 거대하고 둥근 시골 빵입니다. 미국에서는 푸알란 사워도우 빵*POILÂNE® Sourdough loaf*이라는 이름으로 판매되고 있는데, 이름 그대로 사워도우로 만들어 산미가 느껴지는 빵이죠.

1930년대 파리는 흰 밀가루와 상업용 이스트를 사용해 만드는 바게트가 '깨끗하고 세련된' 빵이자 도시 문화의 상징이 되어가고 있었습니다. 그런 시대에 노르망디 농부의 아들이었던 피에르 푸알란*Pierre Poilâne*은 자신이 자란 곳에서 먹던 크고 투박한 빵을 팔기 시작했습니다. 희고 고운 밀가루 대신 맷돌로 제분한 거친 밀가루에, 상업용 이스트 대신 르방을 넣어 반죽하고 나무로 불을 피워 화덕으로 구워냈죠. 이렇게 구워낸 빵이 산업화와 바게트 이전의 프랑스 빵, 미슈입니다.

큼직하고 투박하며, 시큼하고, 껍질도 두꺼운 푸알란의 미슈는 그 당시 인기였던 희고, 부드럽고, 작게 만들어진 빵들과는 완전한 대척점에 있었습니다. 미슈는 오히려 파리 같은 도시보다는 시골에서 늘 먹던 일상의 빵이었죠. 그럼에도 전통 방식만을 고집해 만들어진 푸알란의 미슈는 산업화로 획일화되어 가던 현대 프랑스 제빵 문화에 큰 영향을 끼치고, 전통 프랑스 빵의 명성을 되살렸다는 평가를 받습니다.

미슈가 큼직한 이유

미슈를 처음 봤을 때 엄청난 크기에 놀랐었던 기억이 납니다. 처음엔 '사람이 아무리 빵을 많이 먹는다고 해도 이렇게까지 크게 만들 정도인가?'라고 생각했는데, 이유가 다 있었습니다.

앞서 설명한 대로 미슈는 프랑스 시골에서 많이 먹던 일상의 빵입니다. 우리나라 베이커리에서도 쉽게 볼 수 있는 '깜빠뉴'도 프랑스어 '빵 드 깜빠뉴*Pain de campagne*'에서 비롯한 단어죠. '빵 드 깜빠뉴'는 번역하자면 '시골 빵'으로, 호밀이나 통밀을 섞어 르방으로 발효한 전통적인 시골 빵을 두루 가리킵니다. 그중에서도 특히 크고 둥글게 구운 빵을 '미슈'라 칭했다고 합니다.

같은 시골 빵이라고 하더라도 여러 가지 크기로 만들 수 있었을 테지만, 이렇게까지 크게 구운 이유는 일종의 효율을 위해서였습니다. 지금은 전원 버튼만 누르면 오븐을 켜서 빵을 언제든지 구울 수 있지만 예전에는 아무나 빵을 구울 수 없었습니다. 중세부터 프랑스 시골 마을에 있던 공용 화덕*Four banal*을 사용해야 했죠. 이 화덕에 불을 피우기 위해 필요한 땔감 등의 연료는 대개 영주의 소유였습니다. 농민들은 빵을 구우려면 일정한 수수료를 내야 화덕을 사용할 수 있었습니다. 집집마다 화덕을 두기에는 비용이나 자원이 많이 필요하고, 대형 화재의 위험도 있어 개인이 화덕을 소유하는 것을 규제하는 지역도 있었다고 합니다.[3]

그래서 마을 사람들이 정해진 날에 공용 화덕을 함께 쓰는 문화가 형성되었습니다. 오늘날의 우리가 OTT 구독 요금을 나눠서 내는 서비스를 이용하거나, 창고형 마트에서 산 대용량 제품을 여러 사람들과 소분해서 나누는 것처럼요. 이런 까닭에 신선한 빵을 매일 조금씩 굽기보다, 한 번에 크게 많이 구워 오랫동안 보관하며 먹을 수 있는 빵을 굽는 것이 합리적이고 경제적이었습니다. 또한 농사일이 바쁜 농민들은 매일 빵을 굽기가 어려웠기 때문에, 주기적으로 한 번씩 구워 두고 먹는 습관이 자리 잡게 되었죠.

게다가 두꺼운 껍질이 생기도록 진하게 구워야 빵 내부의 수분이 마르는 것을 막아 오랫동안 저장이 가능한데, 작은 크기의 빵은 그렇게 굽기가 어렵습니다. 빵 크기가 작은데 껍질을 두껍게 구우면 빵의 속 부분이 너무 작아지게 되니까요. 미슈처럼 2kg이 넘는 큼직한 빵을 구워야만 두꺼운 껍질을 가졌음에도 충분한 빵 속살*Crumb*을 만들 수 있습니다. 실제로 집에서 빵을 구울 때도 큼직한 빵일수록 속이 더 촉촉하고 부드럽습니다. 같은 반죽이라 하더라도 작게 분할해서 굽는 것보다 크게 구웠을 때 먹게 되는 빵 속살의 크기가 더 크기 때문이죠.

어둡고 거칠지만 복잡한 풍미를 내는 빵

미슈는 크기 외에도 진한 색이 눈에 띕니다. 바게트를 만들 때 사용하는 밀가루보다 더 어두운 색의 밀가루를 사용하기 때문이에요. 실제로 푸알란에서는 맷돌로 제분한 거친 밀가루를 사용한다고 알려져 있는데, 그래서 미슈의 단면은 흰 빵처럼 밝기보다는 살짝 어두운 회갈색에 가깝습니다.

과거의 제분 기술로는 지금 우리가 사용하는 것과 같은 완전히 흰 밀가루를 얻기 어려웠고, 정제된 흰 밀은 가격이 매우 비싸 평민이 이용하기 어려웠습니다. 그러다 보니 농민들은 껍질과 배아가 남아있는 거친 밀가루로 빵을 만들 수밖에 없었죠. 때때로 밀 사이에 자란 호밀도 함께 제분되면서 자연스럽게 호밀이 섞여 들어가기도 했습니다. 시골 농민들의 주식이었던 미슈가 어둡고 진한 색을 띠고 있는 이유가 바로 이것입니다. 우리나라의 흰 쌀밥과 현미밥을 떠올리면 금방 이해할 수 있을 거예요.

하지만 이렇게 거친 밀가루일수록 더 진하고, 구수한 맛을 낼 수 있어서 요즘은 오히려 정제된 흰 밀가루보다 거친 밀가루를 선호하는 소비자도 많죠. 저도 그중 한 명이고요. 거친 밀가루만 먹던 과거에는 고운 밀가루로 만든 빵을 먹고 싶어 했는데, 요즘은 많은 빵을 고운 밀가루로 만들다 보니 오히려 거친 밀가루를 넣은 통밀, 호밀빵을 선호하는 것 같아요. 상업용 이스트와 사워도우만 해도 그렇습니다. 상업용 이스트가 없던 과거에는 사워도우만 먹고 살다 보니 신맛이 없는 부드러운 맛의 빵을 좋은 빵으로 여겼는데, 이제는 모두가 부드러운 맛의 빵만 먹다 보니 되려 독특하고 복잡한 풍미의 사워도우 빵이 다시 인기를 끌죠. 정말 재밌습니다. 앞으로 우리는 또 어떤 빵을 원하게 될까요?

푸알란의 미슈 레시피를 변형해서 알려드릴 테니, 집에서도 프랑스 미슈를 비슷하게 구워보세요. 미슈는 샌프란시스코 사워도우처럼 기공이 멋진 빵은 아니지만 제가 정말 좋아하는 맛이어서, 집에 빵이 떨어질 때면 자주 굽게 되는 빵이에요. 샤퀴테리나 치즈에 곁들여도 아주 좋지만, 빵의 풍미가 워낙 좋아 얇게 썰어 잼이나 버터만 발라도 충분하답니다!

프랑스의 밀가루 분류

거친 밀가루를 듬뿍 넣어 진한 맛의 미슈를 만들고 싶은데, 어떤 밀가루를 써야 할지 모르겠다는 분들을 위해 프랑스 밀가루 분류 체계를 간단하게 알려드릴게요.

프랑스에서는 밀가루를 '회분율'로 분류합니다. 회분이란 밀가루를 태웠을 때 타지 않고 남아있는 물질을 뜻하는데, 주로 칼슘, 마그네슘, 칼륨, 철분 같은 무기질(미네랄)입니다. 밀가루를 태우면 전분이나 단백질 같은 유기물은 다 타버리고 무기질만 재로 남거든요. 이 무기질은 주로 곡물의 껍질과 배아에 많이 포함되어 있습니다. 쉽게 말해서 회분이 많다는 건 무기질 함량도 많다는 뜻이고, 그만큼 밀의 껍질과 배아도 많이 포함되어 있다는 뜻이에요. 더 쉽게 말하자면 회분율이 높을수록 덜 정제된, 더 거친 밀가루에 가깝다는 뜻이죠.

프랑스 밀가루는 주로 'T+OO'으로 표시합니다. T는 타입*Type*을 뜻하고, 뒤에 오는 숫자는 회분율을 뜻해요. 회분율은 회분의 무게를 전체 밀가루 대비 %로 표시합니다.

밀가루 번호	회분 % (대략)	쓰임
T45	0.50% 미만	페이스트리, 비에누아즈리 등
T55	0.50~0.60%	빵, 타르트, 피자 반죽 등
T65	0.62~0.75%	전통 바게트(바게트 트라디시옹) 등
T80	0.75~0.90%	시골 빵 등

| T110 | 1.00~1.20% | 통밀 빵 등 |
| T150 | 1.50% 이상 | 전립분 빵(빵 꽁플레) 등 |

※ 위 분류는 가장 대중적인 기준이며, 제품의 특징에 따라 용도는 달라질 수 있습니다.

그렇다면 T45는 회분이 0.5% 미만인 밀가루이니 아주 희고 부드러운 밀가루겠죠? 반면 미슈를 만드는 데 사용하는 T80은 회분이 0.75~0.9%에 가까운 밀가루예요. 회분율이 높을수록 더 거친 밀가루라고 했으니, 이제 밀가루의 숫자만 봐도 아실 거예요. T 뒤에 오는 숫자가 작을수록 곱고 흰 밀가루, 숫자가 커질수록 거칠고 어두운 밀가루라고 이해하시면 됩니다.

그럼 어떤 밀가루가 좋은 걸까요? 무조건 좋은 밀가루는 없어요. 회분이 높던, 낮던 만들고자 하는 빵에 가장 잘 어울리는 밀가루를 쓰는 게 중요합니다. 회분이 높을수록 빵 색은 진해지고 맛은 구수해지겠지만 식감은 좀 더 묵직해지기 쉽고, 회분이 낮을수록 풍미가 줄어들 수는 있어도 가벼운 식감을 만들기에 용이하죠. 크루아상처럼 가볍고 부드러운 빵을 만들고 싶다면 회분이 비교적 낮은 밀가루를, 푸알란의 미슈처럼 묵직하지만 진한 맛의 빵을 만들고 싶다면 회분이 비교적 높은 밀가루를 쓰면 됩니다.

Recipe

재료

사전 발효 반죽(발효종 30g+통밀가루 100g+물 약 50g), 중력분 350g, 통밀가루 150g, 물 약 330g, 소금 8g, 인스턴트 드라이이스트 1g

만드는 법

1. 사전 발효 반죽의 재료를 모두 반죽해 하나의 덩어리로 만든 다음, 실온에서 약 12시간 발효시킨다.

2. 사전 발효 반죽과 나머지 재료를 모두 볼에 넣고 매끈하게 반죽한다. 마르지 않게 덮어 따뜻한 곳에서 30분간 둔다.

3. 30분 뒤 반죽을 가볍게 둥글리고, 마르지 않게 덮어 두 배 발효시킨다(약 1시간).

4. 둥근 모양으로 성형하여 반느통에 담고, 마르지 않게 덮어 마지막으로 발효시킨다(약 90분).

5. 반죽이 잘 부풀었다면 테프론 시트 등에 반죽을 얹고, 덧가루를 뿌려 쿠프 나이프로 칼집을 낸다.

6. 230도로 충분히 예열한 오븐에 넣어 20분간 굽고, 210도로 온도를 낮춰 30분간 굽는다.

- 반죽을 구울 때 더치오븐이나 베이킹 스톤을 사용하면 더 좋아요.

- 인스턴트 드라이이스트를 넣지 않고 만든다면 발효 시간을 더 길게 잡아주세요.

- 통밀가루는 제품마다 필요한 물 양이 크게 달라지는 편이니, 물 양을 적당히 조절해
  주세요.

- 반느통이 없다면 둥근 채반이나 소쿠리 등에 천을 깔고, 덧가루를 넉넉히 뿌려
  사용해도 좋아요.

Pane di Altamura

신기한 모양으로 호기심을 자극하는 이탈리아 빵

파네 디 알타무라는 이탈리아어로 '알타무라의 빵'이라는 뜻입니다. '알타무라*Altamura*'는 이탈리아 남부 풀리아 지역에 있는 한 도시예요. '듀럼밀' 들어보셨나요? 듀럼밀은 우리에게 파스타 면의 원재료로 더 많이 알려진 밀의 한 종류로, '경질밀*Grano duro*'이라고 불리기도 합니다. 알타무라가 속한 풀리아 지역은 건조하고 일조량이 풍부한 기후 덕에 '듀럼밀의 고향'이라고 불릴 정도로 오래전부터 듀럼밀이 풍부하게 생산되는 곳이랍니다. 그 영향으로 이 지역의 전통 빵은 흰 밀가루보다 듀럼밀을 써서 만든 것들이 많습니다. 오늘 소개하는 파네 디 알타무라도 듀럼밀을 사용해서 만든 빵이에요.

알타무라 빵은 아주 긴 역사를 지녔습니다. 최초로 문헌에 등장한 것이 기원전 37년, 무려 고구려 시대입니다. 첫 기록은 고대 로마의 시인 호라티우스*Horatius*의 풍자 시*Satyrs*에서 찾아볼 수 있어요.[45] *"Il Pane migliore del mondo, tanto che il viaggiatore diligente se ne porta una provvista per il prosieguo del viaggio."* 직역하자면, "이 빵은 세상에서 가장 훌륭한 빵이라서 성실한 여행자들이 (아무리 무거워도) 앞으로의 여정을 위해 일부러 이 빵을 챙겨간다."라는 뜻입니다. 얼마나 맛있었으면 짐 하나라도 줄이고 싶은 여행길에 이 무거운 빵을 이고 지고 갔을까요? 실제로 알타무라 빵은 최소 한 덩어리에 500g 이상 되는 큼직한 빵인데 말이죠.

파네 디 알타무라의 엄격한 조건

세상에서 가장 훌륭한 빵이라고 불렸던 알타무라 빵은 그 명성에 맞게 아주 엄격한 기준을 충족해야만 비로소 '파네 디 알타무라'라는 이름으로 불릴 수 있습니다. '파네 디 알타무라'는 
2003년부터 이탈리아의 DOP*Denominazione di Origine Protetta*(원산지 명칭 보호) 인증을 받은, 사용하는 밀의 산지까지 엄격하게 규정된 빵이거든요.

알타무라 빵의 기준을 확인할 수 있는 제조 규격 문서를 가볍게 살펴보면, 먼저 알타무라 빵은 전통 방식으로 만든 발효종*Lievito naturale*, 천일염, 물과 인근 지역에서 생산된 고운 듀럼밀 가루로만 만들어야 해요. 이때 듀럼밀은 알타무라 시 및 인근 4개 시 행정 구역에서 생산되는 것으로 한정되고, 단독 또는 혼합해서 80% 이상 사용해야 해요. 나머지 20%는 동일 지역에서 생산된 다른 품종으로 대체가 가능합니다. 듀럼밀은 곱게 갈아 만든 '세몰라*Semola*'를 사용해야 해요. 빵 생산에 사용되는 오븐은 참나무나 밤나무 장작, 가스 연료 방식이 권장됩니다.

알타무라 빵의 제조 규격 문서에는 발효종을 준비하는 방법, 반죽, 발효, 성형 등 빵을 만드는 모든 과정에 관한 규격이 적혀있어요. 빵의 무게와 모양 역시 최소 500g 이상, 두 가지의 전통적인 성형 방법으로 지정되어 있고요. 껍질의 두께는 최소 3mm, 특유의 향기와 고르게 퍼진 기공의 조건까지! 제대로 알타무라 빵 만들기는 정말 까다롭고, 또 엄격하죠? 아무나 '알타무라 빵'이라는 이름을 붙일 수 없게 법으로 지정해, 지역의 전통, 품질, 생산자와 소비자를 모두 지킨다고 해요.

사실 책에서 소개하는 레시피는 알타무라 산 재료를 쓰는 게 아니어서, 실제로 알타무라 빵은 아니랍니다. 정확하게 표현하자면 '알타무라식 듀럼밀 사워도우 빵' 정도가 되겠군요. 하지만 이 빵을 여러분들에게 알리고, 소개하기 위해 알타무라 빵이라는 이름을 사용했다는 점 감안해 주세요!

듀럼밀과 세몰라

듀럼밀도 흔히 빵 만들 때 사용하는 흰 밀처럼 '밀'이지만, 품종이 다릅니다. 듀럼밀은 훨씬 단단하고 딱딱한 밀의 한 종류로, 흰 밀보다 단백질 함량이 더 높은 게 특징이에요. 이 듀럼밀을 거칠게 갈아 만든 가루를 '세몰리나*Semolina*'라고 부릅니다.

세몰리나를 한 번 더 갈아서 곱게 만든 것이 바로 '세몰라'예요. 이탈리아에서는 흔히 '세몰라 리마치나타*Semola rimacinata*'라고 표시합니다. 리마치나타는 이탈리아어로 '한 번 더 갈았다'라는 뜻이에요. 즉 세몰리나와 세몰라는 같은 듀럼밀이지만 각각 고운 정도가 다른 가루랍니다.

우리가 많이 먹는 파스타 면도 듀럼밀로 만들어져요. 듀럼밀은 일반 밀보다 훨씬 단단해서, 듀럼밀 가루로 파스타를 만들면 삶아도 흐물거리거나 풀어지지 않고 좋은 식감을 유지할 수 있어요. 그러다 보니 자연스럽게 파스타를 만드는 주요 재료로 자리 잡게 되었다고 합니다. 이 외에도 이탈리아에서는 피자를 만들 때 덧가루로 사용하거나, 제과용 크림을 만들 때 사용하기도 한답니다.

듀럼밀로 만든 빵은 일반 밀로 만든 빵보다 더 짙은 황금빛을 띠고, 쫀득하고 탄력 있는 식감, 그리고 구수하면서도 단맛이 나는 것이 특징이에요. 알타무라 빵 역시 듀럼밀을 써서 껍질은 고소하고, 속은 촉촉하고 향이 깊답니다. 버터나 설탕을 넣은 빵처럼 말랑하고 부드러운 식감은 아니지만, 알타무라 빵만의 특별한 맛과 식감이 무척 매력적이에요.

Recipe

재료

/사전 반죽
발효종 20g, 세몰라 70g, 물 70g

/본 반죽
세몰라 400g, 소금 6g, 물 약 240g

만드는 법

1. 사전 반죽 재료를 모두 섞어 실온에서 두 배로 발효시킨다(약 8~12시간).

2. 볼에 사전 반죽, 본 반죽 재료를 모두 넣어 매끈하게 반죽한다. 반죽의 상태에 따라 물이나 가루를 추가한다.

3. 반죽을 둥글려 볼에 담고 마르지 않게 덮어 두 배로 발효시킨다(약 2~3시간).

4. 반죽이 부풀면 덧가루를 뿌린 작업대로 반죽을 옮겨 모양을 만들고, 30분간 휴지시킨다.

5. 230도로 예열한 오븐에 넣어 50분~1시간 동안 굽는다. 진한 갈색으로 굽는다.

🌥 Tip

- 식사에 곁들이거나, 브루스케타를 만들어 먹으면 더 맛있어요.
- 밀도가 높고 쫀쫀한 식감이라 올리브 오일, 소스 등을 찍어 먹기 좋아요.

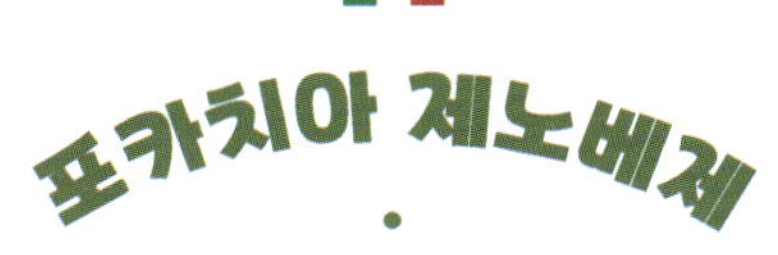

Focaccia Genovese

이탈리아 제노바를 대표하는 빵

'제노바식 포카치아'라는 뜻의 포카치아 제노베제는 높이 1~2cm 정도의 납작한 빵으로, 밀가루, 물, 효모, 소금 그리고 엑스트라 버진 올리브 오일로 만드는 빵입니다. 특히 손으로 반죽을 골고루 눌러 만든 구멍 위로 물, 소금, 올리브 오일을 섞은 '살라모이아*Salamoia*'를 뿌려 굽는 점이 독특합니다. 토핑도 소스도 올라가지 않지만, 단순하면서도 완벽한 맛을 내기 위해서는 세심한 공정과 긴 발효 시간을 반드시 거쳐야 해요.

이탈리아 제노바*Genova*에서는 포카치아를 단순히 간식으로만 먹지 않습니다. 아침 식사로, 점심으로, 간식과 저녁으로 언제든 포카치아를 먹는 제노바. 제노바의 포카치아 사랑은 이탈리아의 다른 지역 사람들도 놀랄 정도입니다. 특히 아침 식사로 카푸치노와 포카치아 제노베제를 함께 먹기도 하는데, 카푸치노와 함께 달콤한 비스코티(작은 쿠키류), 혹은 버터나 설탕을 듬뿍 넣어 만든 브리오슈를 먹는 것이 보편적인 이탈리아 다른 지역의 사람들에게는 올리브 오일을 듬뿍 사용한 짭짤한 포카치아와 카푸치노의 조합이 꽤 낯선 풍경이라고 하네요.

클래식한 포카치아 제노베제 외에도, 제노바의 포카치아 가게에서는 다양한 종류의 포카치아를 만날 수 있습니다. 가장 유명한 것은 양파를 썰어 올린 포카치아*Focaccia con le cipolle*, 향긋한 허브의 일종인 세이지를 올린 포카치아*Focaccia con la salvia*, 올리브를 올린 포카치아*Focaccia con le olive* 등입니다. 밀가루를 사용하지 않고 병아리콩 가루, 물, 올리브 오일, 소금으로 만드는 '파리나타*Farinata*'도 유명합니다. 그 외에도 페스토나 토마토가 올라간 것은 물론이고, 빼놓을 수 없는 치즈 포카치아*Focaccia al formaggio*까지! 종류가 무척 다양해요.

제노바 사람들의 말에 따르면, '포카치아는 빵보다 더 나은 것'이라고 해요.[6] 빵도, 피자도 아니라는 이 포카치아를 함께 탐험해 볼까요?

뭔가 다른 포카치아 제노베제

한국에서는 보통 포카치아라고 하면 위에 토마토나 올리브 등이 올라간 형태를 떠올립니다. 그래서 피자와 비슷한 느낌이 들기도 하죠. '조금만 더 재료를 얹으면 피자로 불러도 되겠는데?'라는 생각이 들 정도로 토핑을 다양하게 올리는 경우도 많습니다. 폭신폭신해 보이는 도톰한 단면이 매력으로 여겨지기도 합니다.

하지만 포카치아 제노베제는 아무런 토핑 없이, 잘 발효된 반죽과 신선한 올리브 오일의 맛으로 먹는 것이 기본이에요. 두께 역시 두꺼운 게 2cm 정도이고, 1cm가 되지 않는 얇은 버전도 많습니다. 다른 이탈리아 지역의 포카치아들과도 사뭇 다른 형태가 인상적입니다. 이런 포카치아 제노베제를 보고 내가 알던 포카치아가 포카치아가 아닐 수도 있겠다는 충격을 받기도 했답니다.

포카치아 제노베제의 또 다른 특징은 수분율이 낮다는 점입니다. 한국에서 포카치아 반죽이라고 한다면 수분율이 높은 반죽을 떠올리기 쉬운데, 포카치아 제노베제의 레시피는 그보다 좀 더 형태를 유지하는, 덜 퍼지는 상태의 반죽이 많습니다. 반죽을 다룰 때 두께를 일정하게 하기 위해 덧가루를(!) 뿌린 작업대 위에 반죽을 올려 밀대로 밀어서 평평하게 만들기도 하니까요. 우리에게 익숙한 포카치아 만드는 법과는 너무나 다르죠? 얇게 밀어서 펼쳐도, 이후에 또 발효가 진행되면서 적당한 두께로 만들어지는 것이 흥미로웠습니다.

이 외에도 신기한 점은 바로 살라모이아, 혹은 '에물시오네*Emulsione*'라고 불리는 물, 올리브 오일, 소금 혼합액의 사용입니다. 살라모이아는 소금물이라는 뜻의 이탈리아어로, 레시피에 따라 소금과 물을 섞은 것만 칭하거나 올리브 오일까지 섞인 혼합액을 칭하기도 해요. 포카치아 제노베제를 만들 땐 반죽을 손으로 골고루 누르고, 그 위에 살라모이아를 뿌려 구멍마다 물과 올리브 오일이 가득 고이게 만듭니다. 심지어 물, 올리브 오일, 소금을 한 번에 섞어서 쓰지 않고 물과 올리브 오일을 각각 뿌려 손으로 펼치기도 하죠. 저의 제빵 상식을 깨부수는 공정이었습니다.

포카치아 제노베제는 힘을 들이지 않아도 슥 잘리도록 부드럽게 만드는 편인데, 살라모이아를 뿌려 구워야 겉은 바삭하면서 속은 촉촉하게 만들 수 있습니다. 포카치아 제노베제의 비법인 살라모이아를 꼭 기억해 주세요!

포카치아 제노베제와 꼭 함께하는 포카치아 디 레코

포카치아 제노베제를 탐험하다 보면 옆에 꼭 등장하는 포카치아가 또 있습니다. 바로 '포카치아 디 레코*Focaccia di Recco*'입니다. 제노바에서는 대부분 '포카치아 알 포르마지오*Focaccia al formaggio*'라고 표시하는 경우가 많은데, 번역하자면 '치즈 포카치아'라는 뜻이에요. 이건 제노바에서 20km 정도 떨어진 '레코*Recco*' 지역의 포카치아로, 발효하지 않은 얇은 두 개의 반죽 사이에 이탈리아의 부드러운 치즈인 스트라키노*Stracchino*나 크레센차*Crescenza*를 뚝뚝 떼어 넣고 구운 포카치아입니다. 반죽은 종이처럼 얇게 펼쳐서 치즈를 덮은 뒤, 손으로 조금씩 찢어 구워지는 동안 부풀지 않도록 만듭니다.

포카치아 디 레코는 보통 조각으로 잘라서 먹습니다. 갓 구운 포카치아 디 레코는 반죽을 자르면 녹은 치즈가 뚝뚝 떨어지는 까닭에 도무지 깔끔하게 먹긴 어렵지만, 그 맛이 대단하다고 해요. 요리 전문 작가 프레드 플롯킨*Fred Plotkin*은 '세상에서 가장 중독성 강한 음식'이라 부를 정도였다고 하지요.[7] 심지어 레코라는 작은 마을이 오로지 포카치아 디 레코 때문에 세계적으로 유명해졌다고 하니, 얼마나 맛있는지 짐작이 가시나요?

유럽의 **IGP***Indicazione Geografica Protetta*(지리적 표시 보호) 인증에 따라서, 레코와 인근 지역을 제외하고는 '포카치아 디 레코'라는 이름을 사용할 수 없습니다. 그래서 제노바에서는 비슷한 제품을 '포카치아 알 포르마지오', 치즈 포카치아라는 이름으로 판매합니다. 레코는 제노바와 거리도 가까운 데다가, 포카치아 디 레코가 워낙 유명하고 인기가 많아서 제노바의 많은 포카치아 가게에서도 판매하고 있답니다.

포카치아 제노베제도 그렇지만, 대부분의 포카치아는 발효된 반죽으로 만듭니다. 하지만 특이하게도 포카치아 디 레코의 반죽은 이스트나 사워도우 같은 발효제나 팽창제 없이 만들어요. 밀가루, 올리브유, 소금, 물을 섞어 만든 반죽을 일정 시간 휴지시켰다가 얇게 펼쳐서 사용합니다. 발효하지 않은 반죽을 아주 얇게 펼쳐서 굽기 때문에 바삭한 식감이 좋고, 부드러운 치즈와의 식감 대비가 독특하다고 합니다. 언젠가 제노바를 방문한다면, 포카치아 제노베제와 포카치아 디 레코를 함께 먹어보세요. 두 가지 색다른 포카치아를 비교하며 재밌게 즐길 수 있을 거예요.

Recipe

재료

/반죽

중력분 300g, 인스턴트
드라이이스트 3g(냉장 발효시
1g), 소금 5g, 물 약 180g,
올리브 오일 15g

/살라모이아

물 40g, 올리브 오일 20g,
소금 3g

만드는 법

1. 볼에 올리브 오일을 제외한 모든 반죽 재료를 넣고
   매끈하게 반죽한다.

2. 반죽이 매끈한 한 덩어리가 되면 올리브 오일을 넣고
   마저 반죽한 뒤, 두 배가 되도록 발효시킨다(약 1시간).

4. 반죽을 밀대로 얇게 밀어 오븐 팬의 크기만큼 만든
   뒤, 오일을 가볍게 바른 팬 위에 얹는다. 마르지 않게
   덮어 다시 두 배가 되도록 발효시킨다(약 1시간).

5. 손가락으로 표면을 골고루 눌러 펼치고, 살라모이아
   재료를 모두 섞어 반죽 위쪽에 골고루 뿌린다.

6. 30분간 덮지 않고 두었다가 230도로 예열한
   오븐에서 15~20분간 굽는다.

☁ Tip

- 좋은 품질의 엑스트라 버진 올리브 오일을 사용해야 가장 맛있어요.

- 중력분 대신 Tipo 00 밀가루를 사용해도 좋아요.

- 높은 온도에서 빠르게 구워내는 것이 중요해요. 250도에서 10~15분간 구워도 좋아요.

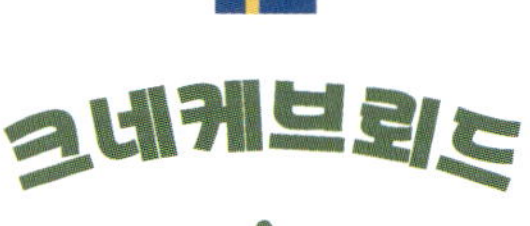

크네케브뢰드
·
Knäckebröd

낯설지만 자꾸 손이 가는 스웨덴의 납작한 호밀빵

처음 크네케브뢰드를 본 것은 스웨덴 여행에서였습니다. 어디를 가든 꼭 마트를 둘러보는 습관이 있어, 스톡홀름에서도 마트에 들렀죠. 그렇게 마트 구석구석을 신나게 둘러보다가 한 코너에 종이 포장지로 싸여있는 큼직하고 둥근 무언가를 보았습니다. 꼭 LP판이 떠오르는 모습이었죠. 그 옆에는 삼각형으로 된 것도 있고, 직사각형으로 된 것도 있고… 처음엔 이게 무엇인지 전혀 감이 오지 않았는데, 찾아보니 그게 바로 크네케브뢰드였어요.

영어로 '크리스프 브레드*Crisp Bread*'라고도 널리 알려진 스웨덴의 크네케브뢰드는 바삭하게 부서지는 빵이라는 뜻입니다. 우리나라의 빵에 익숙하다면 '빵이 어떻게 부서지지?'라는 궁금증이 생길 것 같아요. 이 크네케브뢰드는 실제로 크래커처럼 납작하고, 바삭한 스웨덴의 유명한 빵입니다. 스웨덴에서 아침 식사는 물론 점심이나 간식으로도 즐겨 먹는 아주 대중적인 빵이에요.

크네케브뢰드는 호밀과 통밀에 물, 효모나 사워도우, 소금 등의 재료를 넣어 반죽해 일정 시간 발효시킨 뒤, 반죽을 아주 얇게 밀어 바삭하게 굽습니다. 크래커라고 불러도 무방할 정도로 바삭하지만 엄연히 발효를 거쳐 만든 빵이에요. 한 입 먹어보면 잘 발효된 향과 맛이 느껴집니다. 처음엔 마른 빵이 익숙하지 않아 거친 식감이 어색하기도 하고, 과자를 먹는 것 같기도 하고, 이게 아침 식사가 되나 싶기도 했는데 하나 먹고 나면 또 생각나는 것이 맛있더라고요.

이 빵을 처음 먹어보고선 그 맛에 반해 한국에서도 한동안 아침 식사로 즐겨 먹었던 기억이 납니다. 국내에서는 핀크리스프*Finn crisp*나 '와사'로 자주 불리는 바사*Wasa*의 '크리스프 브레드' 제품으로 만나볼 수 있습니다. 예전에는 이케아에서도 크고 둥근 크네케브뢰드를 볼 수 있었는데 요즘은 핀크리스프 제품만 판매하는 것 같아요. 우리에게 익숙한 빵들과는 사뭇 다른 크네케브뢰드. 어떻게 탄생하게 되었고, 또 어떻게 만드는지 자세하게 탐험해 보겠습니다.

스웨덴의 추운 겨울을 나기 위한 빵

특정한 나라의 전통적인 빵들은 우연히 탄생하는 것이 아닌, 대부분 그 나라의 기후, 환경, 주요 작물 등이 합쳐진 결과입니다. 크네케브뢰드 역시 춥고 건조한 스웨덴의 기후에 맞춰 탄생한 빵이에요. 크네케브뢰드의 주요 재료인 호밀은 춥고 건조한 기후에서 많이 재배하는 작물입니다. 스웨덴뿐만 아니라 북유럽이나 일부 동유럽에서 호밀빵을 많이 먹는 이유도 이 지역에서 호밀이 잘 자랐기 때문이죠. 게다가 여름이 짧고 겨울이 긴 스웨덴에서는 오랫동안 보관할 수 있는 빵이 필요했습니다. 추운 날씨에는 부드러운 빵이라고 해도 금방 단단해져서 먹기 힘들고, 언제 끝날지 모르는 길고 긴 겨울 동안 사용할 연료도 아껴야 하니 매일 신선한 빵을 굽기도 어려웠기 때문입니다.

이런 척박한 환경에서 크네케브뢰드가 탄생하게 되었습니다. 스웨덴에서 많이 자라는 호밀이나 보리를 사용해 반죽을 만들었죠. 반죽을 얇게 밀어 구우면 굽는 시간도 줄일 수 있었습니다. 큰 빵은 속까지 다 익도록 오래 구워야 해서 많은 연료가 필요하지만, 크네케브뢰드는 크기는 커도 아주 납작해서 순식간에 구울 수 있거든요. 게다가 크네케브뢰드 특유의 낮은 수분율 덕분에 유통기한이 매우 길었습니다. 그러다 보니 '아이가 태어날 때 구운 크네케브뢰드를 아이가 약

혼할 때까지 보관할 수 있다'라는 말이 있을 정도로 오래 보관하며 먹을 수 있었어요.[8] 자연스레 크네케브뢰드는 스웨덴 고대 농경 사회에서 중요한 식량이 되었습니다.

둥근 크네케브뢰드는 가운데가 뚫려있기도 합니다. 그 이유는 긴 막대에 구멍이 뚫린 크뇌케브뢰드를 걸어 화덕 위에 매달아 말리거나, 천장에 그 막대를 걸어 보관했기 때문입니다. 이렇게 빵을 매달아서 말리면 습기와 해충으로부터 빵을 보호할 수 있고, 오래 보관하는 동안 빵이 부서질 염려도 없었죠. 물론 요즘은 이렇게 매달아서 보관할 필요가 없기 때문에 생산, 유통하기 편하고 자리도 덜 차지하는 직사각형 모양의 크네케브뢰드가 대중적입니다. 그럼에도 오랜 역사를 지닌 스웨덴의 크네케브뢰드 회사는 전통적인 모양 그대로, 가운데가 뚫린 둥근 모양의 제품을 계속해서 만들고 있습니다.

쉽게 만들고 쉽게 먹는 빵

크네케브뢰드의 매력은 쉽게 만들어 쉽게 먹을 수 있다는 점입니다. 반죽이나 성형 과정이 까다롭지 않고, 솜씨가 없는 사람도 편하게 만들 수 있거든요. 모양을 딱 맞춰서 굽지 않아도 되고, 울퉁불퉁한 모양 그대로 충분합니다. 게다가 간단한 재료를 얹어주기만 하면 식사도 간식도 되는 기특한 빵입니다.

크네케브뢰드를 만들려면 우선 반죽을 가볍게 치대어 한 덩어리로 만들고, 발효시켜야 합니다. 바삭한 빵이니 발효를 생략해도 될 것 같지만, 발효를 생략하고 만들면 맛이나 향, 식감에서 차이가 있어요. 발효가 끝난 반죽은 작은 덩어리로 대충 나눠 밀대로 얇게 밀어 폅니다. 그리고 포크로 반죽 전체를 콕콕 찔러 지나치게 부풀지 않도록 합니다. 스웨덴에서는 크네케브뢰드를 만들 때 다양한 모양의 돌기가 나 있는 모양 밀대*kruskavel*를 사용하는 편이에요. 그리고 팬이나 오븐으로 구우면 끝! 다른 빵처럼 모양을 만들거나, 틀에 넣고 기다리거나 하는 과정이 없기 때문에 만들기 정말 수월해요. 전통적인 레시피는 주로 호밀, 통밀을 많이 사용하지만 이 외의 다양한 가루를 섞어도 좋고, 향신료나 씨앗을 뿌려서 구우면 더 맛있어집니다.

크네케브뢰드는 버터, 치즈, 햄 등을 올려 가벼운 아침 식사로 먹어도 좋고, 스프나 샐러드에 곁들여도 좋습니다. 크네케브뢰드를 잘게 부수어서 크루통처럼 올려 먹어도 좋아요. 그래놀라처럼 요거트에 같이 먹기도 합니다. 잼이나 스프레드를 발라 커피 한 잔과 함께 간식으로 즐길 수도 있고 훈제 연어나, 절인 청어, 대구알 스프레드*Kalles kaviar* 같은 재료들도 정말 잘 어울리죠. 무슨 재료를 올려도, 찰떡같이 잘 어울리는 신기하고 맛있는 크네케브뢰드입니다. 스웨덴 재료는 아니더라도, 집에 보이는 냉장고 속 익숙한 재료들을 다양하게 올려 즐겨보세요. 스웨덴에서는 상상도 못한 재밌고 맛있는 조합이 탄생할지도 모르죠!

Recipe

재료

/사워도우 버전

호밀 가루 200g, 호밀
발효종 50g, 물 약 120g,
소금 4g, 식물성 오일
10g(생략 가능)

/드라이이스트 버전

호밀 가루 200g, 물 약
140g, 소금 4g, 인스턴트
드라이이스트 2g, 식물성
오일 10g(생략 가능)

만드는 법

1. 볼에 모든 재료를 넣고 골고루 섞은 뒤 작업대로
   반죽을 옮겨 5분 정도 가볍게 치대며 반죽한다.
   반죽이 질척이면 호밀 가루를, 반죽이 되직하면 물을
   적당량 가감하며 반죽한다.

2. 반죽이 매끈해지면 둥글려서 볼에 담고, 마르지
   않게 덮어 발효시킨다. (사워도우 약 6시간, 인스턴트
   드라이이스트 약 1시간)

3. 발효를 마친 반죽을 원하는 크기로 분할한 뒤 밀대로
   밀어 2~3mm 정도의 두께로 얇게 민다. 달라붙지
   않도록 덧가루를 사용한다.

4. 오븐 팬에 반죽을 올리고 포크로 골고루 구멍을 낸
   뒤, 220도로 예열한 오븐에 10분~15분 정도 굽는다.

☁ Tip

- 100% 호밀도 좋지만 취향에 따라 통밀이나 흰 밀가루를 섞어도 좋아요.
- 취향에 따라 반죽에 큐민이나 펜넬 등의 향신료를 넣거나, 윗면에 씨앗(참깨, 아마씨,
  호박씨, 해바라기씨 등)을 뿌려도 좋아요.
- 오븐 대신, 충분히 달군 프라이팬에 기름 없이 반죽을 올려 앞뒷면을 노릇하게 구워도
  좋아요.
- 오븐에서 나오자마자 먹기보다는 서늘한 실온에서 충분히 식히고 말리면 더 바삭하게
  즐길 수 있어요.

그리시니

Grissini

오독오독, 한번 손대면 멈출 수 없는 막대 모양 빵

이탈리아의 유명한 막대 모양 빵 그리시니. 아마 이 빵이 이탈리아에서 온 줄은 몰라도 먹어본 적은 있을 거예요. 레스토랑의 식전 빵이나 와인에 곁들이는 안주로 자주 쓰이거든요. 담백하면서도 오독오독 바삭바삭, 손이 가는 빵이죠.

그리시니는 이탈리아 피에몬테 주의 도시인 '토리노*Torino*'에서 태어났습니다. 그리시니의 탄생 배경에 관해서는 다양한 이야기가 전해져 오는데, 그중 가장 유명한 이야기는 17세기 후반 사보이아 공국의 병약한 어린 왕자를 치료하기 위해 고민 끝에 탄생한 빵이라는 설이에요. 어린 왕자 비토리오 아메데오 2세 *Vittorio Amedeo II di Savoia*가 잘 먹지도 소화하지도 못하자, 궁정의 의사와 제빵사는 고민을 거듭했습니다. 그러다 평소에 굽던 길쭉한 빵의 반죽을 훨씬 작고, 가늘게 잘라 구웠죠. 그랬더니 덜 익을 걱정도 없고, 수분이 적어 덜 상하고, 들고 먹기에도 편한 그리시니가 탄생했다고 해요. 과거에는 화덕에서 큰 빵을 굽다 보니 속까지 덜 익기도 하고, 빵을 보관하다 쉽게 상해서 식중독의 위험이 높았는데 그리시니는 그런 위험에서 자유로웠던 거죠. 덕분에 왕자는 건강을 회복하고 훗날 사르데냐 왕국의 국왕까지 자리하게 됩니다.

병약한 왕자를 위해 만들어졌지만 지금은 누구나 즐겨 먹는 그리시니! 이탈리아뿐만 아니라 세계의 사랑을 받는 고소하고 바삭한 빵입니다.

그리시니는 빵이다!

그리시니 특유의 오독오독한 식감은 마치 바삭한 크래커나 과자를 떠올리게 합니다. 하지만 그리시니는 효모를 넣어 발효시킨 반죽으로 만드는 빵의 한 종류로, 이탈리아에서도 엄연히 빵으로 분류되는 품목이에요. 그리시니를 만드는 방법은 다양하지만, 대부분 효모를 넣어 반죽을 발효시키는 과정을 거칩니다. 발효 시간을 줄이고 싶어서 효모를 빼고 만들면 고소한 맛과 향이 거의 나지 않고 단조로운 밀가루 맛만 나기 쉽습니다. 게다가 그리시니 특유의 가볍고 오독오독한 식감도 발효 과정으로 만들어지는 것이니 꼭 충분히 발효시켜 만들어 보세요.

그리시니는 밀가루, 소금, 효모, 물, 올리브 오일을 잘 섞어 발효한 뒤 막대 모양으로 만들어 굽습니다. 재료도 단순하고 만드는 법도 간단해서 집에서 만들어 보기 아주 좋은 빵이에요. 국내 제빵기능사 실기 시험 품목 중의 하나이기도 합니다. 흥미로운 점은 대중적으로 알려진 성형 방법보다 이탈리아에서 만드는 방법이 더 쉽다는 점이에요. 국내에서는 그리시니 반죽과 발효 이후, 작게 분할해서 둥글리기 한 뒤 손으로 밀어 늘이는 방법이 많이 쓰이는데요. 일정한 무게의 그리시니를 만들 수 있는 장점은 있지만, 분할 후 반죽을 둥글리면서 반죽 표면에 힘이 들어가고, 별도의 휴지 시간도 거쳐야 하고, 둥근 모양을 다시 길쭉하게 늘이는 데 어려움이 있어요.

이탈리아에서는 반죽 자체를 가로가 긴 직사각형 모양으로 만들어 발효한 뒤, 그대로 반죽을 수직으로 잘라 손으로 반죽 양 끝을 잡고 가볍게 늘입니다. 이미 직사각형 모양으로 늘어난 상태의 반죽이라 적은 힘으로도 아주 손쉽게, 길쭉하게 늘일 수 있어요. 물론 분할해서 둥글리고 늘이는 것처럼 일정한 무게로 만들기 어려울 수 있어도, 둥글리기와 휴지 등의 작업이 생략되기 때문에 작업 시간이 훨씬 줄어듭니다. 이 방법이 하나씩 바닥에 밀어 늘이는 것보다 훨씬 빠르고 편리해서 작업장은 물론 집에서도 쉽게 따라 만들 수 있어요.

대부분 이탈리아에서는 반죽을 분할하는 기계를 사용하기 때문에, 작업자가

분할된 반죽을 길게 늘이는 작업만 하는 경우가 많습
니다. 오븐 팬 바깥으로 그리시니 반죽을 걸쳐서 길
게 늘어뜨려 올린 뒤, 굽기 전에 오븐 팬 바깥쪽 반죽
을 잘라내서 균일한 길이로 만들기도 하죠. 여러분도
제가 알려드린 방법으로 한번 만들어 보세요. 생각보
다 아주 쉽고 빠르게 맛있는 그리시니를 만들 수 있
을 거예요.

그리시니의 종류

그리시니는 다양한 레시피와 맛으로 만들 수 있는데, 오늘 제가 소개하는 그
리시니는 '그리시니 스티라티*Grissini Stirati*'입니다. 이탈리아어로 번역하면 '늘인
그리시니'라는 뜻인데, 앞에서 설명한 방법대로 가늘게 자른 그리시니 반죽을
양손으로 쭉 늘어뜨려 만드는 방법입니다. 보통 손으로 늘였다는 뜻의 이탈리아
어 '아 마노*a mano*'와 함께 쓰이는 경우가 많아요. 구매한 그리시니 포장지에 '그
리시니 스티라티 아 마노*Grissini stirati a mano*'라고 적혀있다면, 반죽을 손으로 하
나하나 늘여서 만들었다는 뜻으로 이해하면 됩니다.

또 하나의 유명한 그리시니는 '루바타*Rubatà*'입니다. 루바타는 피에몬테 말
로 '비틀린' '꼬인' '말린'이라는 뜻입니다. 루바타는 스티라티처럼 손으로 늘이
는 게 아니라, 반죽을 말아서 만드는 방법이에요. 진정한 수제 루바타는 몸통
을 따라 나선형으로 말린 반죽이 부푼 흔적이 있고, 양 끝엔 손으로 반죽
을 누르고 만 흔적이 보이죠. 그리시니 루바타가 스티라티보다 더 오래
된 그리시니의 원형이라고 해요. 그리시니는 성형 방법에 따라 식감
이 조금씩 달라진다고 하니, 식감을 비교하며 먹어도 재밌을 것
같습니다.

그리시니는 반죽 안에 다양한 재료를 섞어서 만들기도 해요. 기본 재료는 밀가루, 물, 효모, 소금이지만 지역에 따라 라드, 올리브 오일 등을 사용하고, 일부 지역에서는 버터를 쓰기도 합니다. 유지(기름 성분)를 사용하지 않고 물로만 반죽해서 만들기도 하고요. 그 외에 반죽 안이나 바깥에 여러 가지 재료를 사용하는데, 이탈리아에서 흔히 보이는 재료는 아래와 같습니다.

· 참깨, 통밀 가루, 옥수수 가루, 잡곡 가루, 세몰라 가루, 카무트, 스펠트, 호라산밀 등
· 로즈마리, 올리브, 고추, 호두, 헤이즐넛, 치즈 등

이런 다양한 재료들을 반죽 안에 넣어 만들기도 하지만, 잘라낸 반죽을 세몰라나 옥수수 가루 등에 올려 골고루 묻힌 다음 늘려서 굽기도 합니다. 겉면이 더 고소해지고, 바삭해지는 효과가 있죠. 여러분도 취향에 맞게 다양한 방법으로 만들어 보세요.

Recipe

재료

/드라이이스트 버전

중력분 200g, 인스턴트 드라이이스트 3g, 소금 3g, 엑스트라버진 올리브 오일 15g, 물 약 100g, 설탕(혹은 몰트) 3g(생략 가능)

/사워도우 버전

발효종 100g, 중력분 150g, 소금 3g, 엑스트라버진 올리브 오일 15g, 물 약 50g, 설탕(혹은 몰트) 3g(생략 가능)

만드는 법

1. 볼에 물을 제외한 모든 재료를 넣고 잘 섞은 뒤 물을 조금씩 넣어가며 한 덩어리로 뭉친다.

2. 손으로 뭉치고 치대어 매끈해지도록 반죽한다(약 5분). 반죽기 사용도 가능하다.

3. 마르지 않게 덮어서 5분간 휴지시킨다.

4. 반죽을 말아서 가로가 긴 원통형으로 만든다.

5. 작업대에 올려두고 윗면에 올리브 오일을 살짝 바른 뒤, 랩으로 덮어 두 배로 발효시킨다(약 1시간).

6. 스크래퍼나 칼 등을 이용해 반죽을 수직 방향으로 가늘게 자르고, 손으로 가볍게 늘여 팬에 올린다. 이때 자른 반죽을 세몰라 등의 가루에 굴려서 늘여도 좋다.

7. 200도로 예열한 오븐에 넣고 180도에서 20~30분간 굽는다.

☁ Tip

- 중력분 대신 Tipo 00 밀가루를 사용해도 좋아요.
- 손으로 늘이는 방법을 소개하지만, 작업대에 밀어서 늘여도 좋아요.
- 간식이나 와인 안주, 샐러드나 스프와 함께 즐겨보세요.
- 좋아하는 재료를 섞어서 나만의 그리시니를 만들어 보세요.

Chapter 2.

짭짤한 빵

스파나코피타
σπανακόπιτα
버터가 없어도 바삭바삭한 시금치 파이

그리스에서 가장 유명한 파이인 스파나코피타는 얇은 '필로*φύλλο*' 사이에 조리한 시금치, 페타 치즈, 허브 등을 넣어 구운 빵입니다. 그리스 전 지역의 파이 가게 어디를 가든 만나볼 수 있는 대중적이고 클래식한 메뉴에요.

그리스에서는 스파나코피타를 식사보다 간단한 아침과 간식으로 많이 즐기는 편이에요. 골목에 위치한 작은 파이 가게들은 아침마다 따뜻한 스파나코피타를 구워 커피와 함께 판매합니다. 넓은 오븐 팬에 큼직하게 구운 뒤 사각형으로 잘라서 팔기도, 삼각형으로 만들어 팔기도 하죠. 스파나코피타 외에 다양한 재료를 넣은 파이들도 인기인데, 부드러운 치즈와 달걀 필링을 넣은 티로피타*Τυρόπιτα*, 다진 고기를 넣은 크레아토피타*Κρεατόπιτα*, 호박을 넣은 콜로키토피타*Κολοκυθόπιτα*, 우유와 세몰리나 커스터드를 넣어 달콤하게 만든 갈라토피타*Γαλατόπιτα* 등이 유명합니다.

시금치 나물이나 김밥에 들어가는 시금치가 더 익숙한 한국인에게는 '시금치로 어떻게 파이를 만들어?'라는 생각이 들 수도 있습니다. 하지만 바삭하면서도 고소하고 짭짤한 스파나코피타를 먹어본다면 그 생각이 분명 바뀌게 될 거예요.

필로, 버터 없이 바삭한 파이를 만드는 비법

흔히 파이라고 하면 버터를 넣어 바삭하게 만든 파이가 떠오르겠지만, 스파나코피타에는 버터가 하나도 들어가지 않습니다. 그럼에도 엄청나게 파삭파삭하죠. 어떻게 버터 없이도 바삭한 파이를 만들 수 있을까요?

버터를 하나도 쓰지 않고도 바삭한 파이를 만드는 비법은 바로 '필로'입니다. 그리스의 파이들은 주로 필로라고 불리는 얇은 페이스트리 반죽으로 만들어요. 필로는 그리스어로 잎, 얇은 층, 겹이라는 뜻입니다. 밀가루, 물, 소금을 넣어 만든 반죽을 최대한 얇게 늘리고, 펼쳐서 만들어요. 이름 그대로 잎처럼 얇은 모양입니다. 필로 반죽 안에 소량의 오일이 들어가는 레시피도 있지만, 이것만으로는 바삭함을 충분히 살리긴 어려워 겹을 쌓을 때 올리브 오일을 듬뿍 발라야 합니다. 필로 반죽 사이에 바른 올리브 오일 덕분에 굽고 나면 더욱 바삭해져요.

스파나코피타 역시 필로 반죽 안에 시금치와 페타 치즈, 달걀 등으로 만든 소를 채워 넣습니다. 베이킹 팬이나 트레이 위에 올리브 오일을 듬뿍 바르고, 얇은 필로 반죽을 한 겹 올리죠. 그 위로 올리브 오일을 가볍게 발라주고, 또 필로 반죽을 올립니다. 5~6겹의 아래층을 만들면 시금치 소를 채워 넣고 그 위로 다시 필로 반죽을 올립니다. 필로 반죽은 한 번에 여러 장을 통째로 올리는 게 아니라 1~2장씩 떼어내서 오일을 바르고, 또 다시 올리고, 그 위에 오일을 다시 바르는 작업을 해줘야 바삭하게 만들 수 있습니다. 마무리로는 필로 반죽을 넓게 펼쳐서 올리기도 하고, 더 바삭한 스파나코피타를 만들고 싶다면 필로 반죽을 한 장씩 동그랗게 말거나 뭉쳐서 파이 위에 얹을 수도 있어요.

현대의 필로는 대부분 공장에서 생산되고 있지만, 아직도 필로를 손으로 만드는 곳의 영상을 본 적이 있습니다. 넓은 작업실을 꽉 채운 큼지막한 테이블 위로 필로 반죽을 얹어 계속해서 얇게 펼쳐내는 공정이 정말 대단했어요. 반죽을 종잇

장처럼 얇게 펼쳐내는 장인의 손길도 놀랍고, 저렇게까지 계속 늘어나는 반죽도 너무 신기했습니다. 물론 집에서도 얼마든지 반죽을 밀대로 얇게 밀고, 손으로 늘려 만들 수도 있지만 꽤 힘든 노동이 될 겁니다. 종잇장처럼 얇게 만드는 건 보통 어려운 일이 아니거든요.

그래서인지 필로는 직접 만들기보다 냉장, 냉동된 제품을 사서 쓰는 경우가 많습니다. 저도 유럽의 마트 냉장 코너에 항상 캔이나 박스에 들어있는 필로와 퍼프 페이스트리 반죽을 보고 어떻게 쓰는 걸까 궁금했었던 기억이 나요. 반죽만 있다면 간단히 소만 준비해서 바삭하고 맛있는 파이를 금방 만들 수 있죠. 국내에서도 냉동 필로 반죽을 구매할 수 있으니 궁금하신 분들은 한번 사용해 보세요.

필로와 퍼프 페이스트리

페이스트리*Pastry*란 밀가루에 유지와 물을 넣어 반죽한 뒤 바삭하게 구운 것을 뜻합니다. 우리가 패스트리, 패스츄리라고 부르는 것이 다 페이스트리를 뜻하는 말이에요. 페이스트리는 재료, 지역, 만드는 법 등에 따라 다양한 종류가 존재합니다. 그중 하나인 퍼프 페이스트리*Puff Pastry*는 국내에서도 자주 만날 수 있는 페이스트리입니다.

퍼프 페이스트리는 프랑스어 '파트 푀이테*Pâte Feuilletée*'를 뜻하는데, 프랑스어로 '파트'는 반죽을, '푀이테'는 겹, 잎사귀 등을 의미해요. 이건 필로와도 같죠? 앞서 살펴본 필로는 반죽  에 유지가 들어가지 않지만 조리 시에 올리브 오일 등의 유지를 사용해 바삭함을 구현하는 반면, 퍼프 페이스트리는 반죽 자체에 유지가 상당량 들어갑니다. 반죽에 필요한 밀가루 양의 약 50%에 달하는 유지(버터, 쇼트닝 등)를 사용해서 이미 페이스트리 반죽 안에 충분한 유지가 포함되도록 만드는 방식입니다. 그래서 조리 시에 별도의 유지를 후첨하지 않아도, 반죽 자체로 바삭함을 구현할 수 있습니다.

 밀푀유, 팔미에, 갈레트 데 루아, 쇼송 오 뽐므⋯ 바삭함으로 사랑받는 프랑스 디저트에는 모두 이 퍼프 페이스트리가 사용됩니다. 버터와 밀가루 반죽을 겹쳐서 밀고, 접고, 밀고, 접어서 수많은 겹을 만들면 오븐 안에서 구워지면서 버터 층은 녹아내리고, 반죽 층은 그 증기로 부풀어 오르죠. 필로와 달리 조리하면서 반죽이 크게 부풀기 때문에 '부풀다'라는 뜻을 가진 이름이 붙게 됐습니다. 퍼프 페이스트리에는 주로 발효제를 넣지 않지만, 발효 반죽으로 퍼프 페이스트리를 만들면 우리가 사랑하는 크루아상이나 빵 오 쇼콜라와 같은 폭신한 페이스트리인 비에누아즈리*Viennoiserie* 제품을 만들 수 있어요.

 얼핏 보면 필로 반죽에도 처음부터 유지를 사용하면 더 편리하지 않았을까 싶지만, 이렇게 만들어진 데에는 분명한 이유가 있습니다. 그리스는 산악 지형이 많아 소 사육이 쉽지 않았고, 목축업은 주로 양과 염소 중심으로 발달했습니다. 자연히 소젖으로 만드는 버터는 귀한 재료였습니다. 대신 일상적인 지방 자원으로 올리브 오일을 사용했어요. 지중해의 대표 작물인 올리브 덕분에 올리브 오일을 풍부하게 사용할 수 있었기 때문입니다. 게다가 더운 지중해 기후에서는 버터를 오래 보관하거나 다루기에 불리했습니다. 이에 반해 올리브 오일은 버터보다 저장성이 뛰어나고 다루기도 용이했죠. 그 결과, 올리브 오일을 겹겹이 발라 바삭함을 만드는 필로가 발달하게 되었습니다.

 필로와 퍼프 페이스트리는 사용된 유지와 만드는 방법은 다르지만 둘 다 밀가루 반죽에 유지를 넣어 바삭하게 만들고자 했다는 점은 같아요. 어느 나라에서든지 기름과 밀가루가 만나 만들어낸 바삭함을 사랑한다는 사실이 정말 흥미롭습니다.

Recipe

재료

냉동 필로 페이스트리
1개(250g), 생 시금치 500g,
페타 치즈 150g, 달걀 2개, 딜
1컵, 대파 흰 부분 슬라이스
1컵, 소금, 후추 적당량,
올리브 오일

만드는 법

1. 시금치를 깨끗하게 씻어 손가락 한 마디 크기로
   자른다.

2. 팬에 올리브 오일을 두르고, 손질한 시금치와 대파,
   딜을 넣어 볶은 뒤 잠시 보관한다.

3. 오븐용 팬이나 그라탕 용기에 올리브 오일을 골고루
   바르고, 해동한 필로 페이스트리를 2~3장 올린다.

4. 그 위에 오일을 다시 바르고, 2~3장을 더 올린다.

5. 한 김 식은 시금치에 페타 치즈를 부수어 넣고, 달걀,
   소금, 후추를 넣어 섞는다.

6. 시금치 필링을 준비해 둔 필로 페이스트리 위에 얹어
   골고루 펼친다.

7. 다시 필로 페이스트리를 2~3장 올리고, 올리브
   오일을 골고루 바른다. 원하는 두께가 되도록 여러
   번 오일 바르기를 반복하며 필로 페이스트리를
   올린다.

8. 마지막 필로 페이스트리의 위에 올리브 오일을
   충분하게 바르고, 가장자리 반죽은 가운데로 접거나,
   테두리를 따라 말아서 안으로 넣는다.

9. 원하는 크기의 조각으로 칼집을 낸 뒤, 180도로
   예열한 오븐에서 3~40분간 굽는다.

- 그리스에서는 리크*Leek*를 사용합니다. 한국에서는 구하기 어려워 대파 흰 부분을 사용했어요.

- 시금치를 구하기 어려울 땐 냉동 시금치를 사용해도 좋아요.

- 페타 치즈는 짠맛이 강한 제품도 있으니 취향에 따라 양을 조절하세요.

- 필로 페이스트리 안에 소를 넣고 작은 모양으로 접어 여러 개를 만들어도 좋아요.

하차푸리
·
ხაჭაპური

조지아의 치즈 듬뿍 빵

조지아에서 아마도 가장 유명한 국민 빵인 하차푸리는 조지아뿐 아니라 세계적으로 크게 사랑받는 빵입니다. 조지아라는 나라가 낯선 사람도 하차푸리는 본 적이 있을지도 몰라요. 하차푸리는 전 세계가 사랑하는 재료를 아주 듬뿍 넣어서 만들거든요. 바로 치즈와 빵이죠. 말만 들어도 무조건 맛있는 조합이잖아요?

하차푸리는 대부분 발효시킨 밀가루 반죽에 치즈를 넣거나 올려서 구운 조지아식의 빵을 뜻합니다. 그중에서 가장 널리 알려진 하차푸리는 보트 모양으로, 빵의 가운데에 치즈를 듬뿍 넣어 굽고 위에는 달걀노른자를 올린 경우가 많아요. 조지아의 식탁에서 하차푸리는 매우 중요하기 때문에, 하차푸리의 재료 가격이나 지역별 판매 가격을 모니터링해서 조지아의 경제 상황을 파악할 수 있다고 합니다. 실제로 트빌리시 국립 대학교에서는 매달 '하차푸리 지수'를 측정해 인플레이션 지표로 활용합니다. '빅맥 지수(국가별 빅맥 햄버거 가격을 기준으로 각국 통화의 구매력을 비교하는 지수)'가 떠오르는데요. 그만큼 하차푸리가 빅맥만큼이나 조지아에서 대중적이고, 국민적인 빵이라는 뜻일 겁니다.

2019년, 조지아는 하차푸리를 국가 무형문화유산으로 지정했습니다. 조지아 문화유산청장은 "하차푸리는 조지아 요리에서 가장 중요한 요소 중 하나이며, 조지아 요리 문화의 대표적인 상징이자, 조지아인의 식생활과 의례 속에 깊이 자리 잡고 있다."라고 밝혔어요.[9] 맛도 맛이지만, 지역마다 다양하게 발달한 하차푸리가 갖는 역사적, 문화적 의미가 그만큼 깊고 중요하다는 뜻입니다.

다양한 하차푸리의 세계

알려진 것만 50여 개가 넘는 다양한 하차푸리의 세계! 지역에 따라 다르긴 해도, 하차푸리에는 대부분 치즈가 꼭 들어갑니다. 그 외에도 양파나 감자, 시금치, 햄, 훈제된 고기, 허브 등 다양한 재료를 넣는 경우도 있어요. 그중 가장 유명한 하차푸리들을 알아봅시다.

이메룰리 하차푸리იმერული ხაჭაპური

조지아 전통 치즈인 이메룰리 치즈를 넣은 하차푸리.

아자룰리 하차푸리აჭარული ხაჭაპური

위에 달걀 노른자와 버터를 얹은 보트 모양의 하차푸리.
이메룰리 치즈와 함께 조지아의 전통 염장
치즈 술구니სულგუნი 치즈를 사용한다.

메그룰리 하차푸리მეგრული ხაჭაპური

안에 치즈를 채운 뒤, 치즈를 한 번 더 뿌려 굽는
둥글고 평평한 하차푸리.

구룰리 하차푸리გურული ხაჭაპური

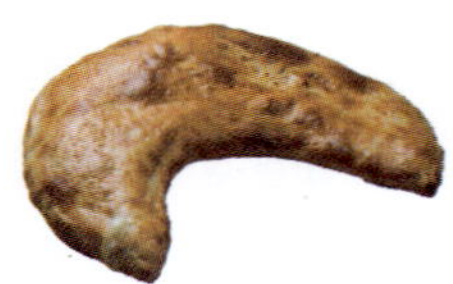

삶은 달걀을 다져 넣고
초승달 모양으로 만들어 구운 하차푸리.

하비즈기나ხაბიზგინა(오세티안 하차푸리)

감자, 치즈를 넣은 하차푸리.

페노바니 하차푸리ფენოვანი ხაჭაპური

퍼프 페이스트리로 만든 하차푸리.

스바누리 하차푸리სვანეთი ხაჭაპური

양파를 넣은 동그란 모양의 하차푸리.

메스후리 하차푸리მესხური ხაჭაპური

필로 반죽 안에 메스케티 지역의 치즈를 넣은 하차푸리.

샴푸르제 하차푸리შამფურზე ხაჭაპური

꼬치에 꽂은 치즈를 반죽으로 말아 숯불에 구운 하차푸리.

아자룰리 하차푸리

하차푸리 중 가장 유명한 보트 모양의 아자룰리 하차푸리! 아자룰리 하차푸리는 흑해 연안 지역인 조지아의 '아자라*Adjara*'를 중심으로 발달했습니다. 정확한 유래는 불분명하지만, 전통적으로 어업이 중심이었던 아자라에서 어부들의 배를 본떠 보트 모양으로 만들게 되었다고 해요. 아자룰리 하차푸리 위에 올라가는 노른자는 내리쬐는 태양을 상징한다고도요.

아자룰리 하차푸리의 시그니처인 보트 모양은 잘 발효시킨 반죽을 타원형으로 만든 다음, 양쪽을 손잡이처럼 붙이면 만들 수 있습니다. 그리고 평평한 가운데 부분에 조지아의 치즈를 듬뿍 넣어 굽죠. 레시피마다 빵의 테두리에 치즈를 넣는 버전도, 넣지 않는 버전도 있지만 대부분 테두리 쪽 빵을 먼저 뜯어서 가운데의 치즈와 달걀노른자를 잘 섞은 뒤 찍어 먹습니다.

전통적인 아자룰리 하차푸리 레시피에는 조지아 치즈인 술구니 치즈와 이메룰리 치즈, 그리고 달걀을 섞어 소를 만들어요. 술구니 치즈는 지리적 표시 보호인 **PGI***Protected Geographical Indication* 인증을 받은 치즈로, 모짜렐라처럼 쫄깃하고 잘 늘어나는 치즈입니다. 이메룰리 치즈는 부드럽게 부서지는 형태의 치즈인데, 담백하고 신선한 우유 맛이 진하게 납니다. 이 두 가지 치즈를 섞어서 풍부한 맛과 부드러운 식감을 만듭니다.

조지아 외의 지역에서는 이 두 가지 치즈를 구하기 어렵기 때문에, 주로 술구니 치즈는 모짜렐라, 이메룰리 치즈는 페타, 혹은 크림치즈로 대체해서 사용하는 편이에요. 제가 알려드리는 레시피도 국내에서 구하기 쉬운 모짜렐라와 페타, 크림치즈를 사용해서 만들었습니다. 나중에는 꼭 조지아에서 제대로 만든 아자룰리 하차푸리도 먹어보고 싶네요!

Recipe

재료

/반죽

강력분 200g, 인스턴트
드라이이스트 4g, 설탕 10g,
소금 2g, 우유 30g, 물 100g,
녹인 버터 15g

/필링

모짜렐라 치즈 250g, 페타
치즈(혹은 플레인 크림치즈)
150g, 달걀 1개

/기타

무염버터 한 조각,
달걀노른자 1개, 달걀물
적당량(생략 가능)

만드는 법

1. 볼에 반죽 재료를 모두 넣고 매끈하게 반죽하여 두
   배로 발효시킨다(약 1시간).

2. 발효가 진행되는 동안 필링 재료를 골고루 섞어 냉장
   보관한다.

3. 발효를 마친 반죽은 꺼내서 2~3개로 분할하여
   둥글리고, 10분간 휴지시킨다.

4. 밀대를 이용해 반죽을 타원형으로 밀어 펴고, 오븐
   팬 위로 옮긴다.

5. 오븐 팬 위에서 반죽 가장자리를 안쪽으로 말아
   테두리를 만들고, 양 끝은 손잡이처럼 뽀족하게 모아
   붙인다.

6. 테두리 안쪽으로 준비해 둔 필링 재료를 얹는다.

7. 테두리에 달걀물을 발라 180도로 예열한 오븐에서
   20~25분간 굽는다.

8. 마무리로 위에 버터 한 조각과 달걀노른자를 얹어
   완성한다.

Hot dog francuski

폴란드의 신기한 바게트 핫도그

홋도그 프란추스키라는 이름은 '프랑스식 핫도그'라는 뜻입니다. 하지만 폴란드에서는 이렇게 긴 이름으로 부르지 않습니다. 폴란드에서 그냥 '핫도그'라고 한다면 아마 8할은 이 홋도그 프란추스키를 칭할 거예요. 오히려 우리가 아는 '미국식 핫도그'를 '홋도그 아메리카인스키*Hot dog amerykański*'라는 이름으로 정확하게 이야기해야 하죠. 우리나라의 핫도그가 사실은 미국식 핫도그가 아닌 '콘도그*Corn dog*'인 것처럼요. 핫도그는 미국 음식인데, 왜 프랑스식이냐고요? 이 핫도그는 바게트를 사용하기 때문입니다.

정확하게는 속을 파낸 길쭉한 바게트 맛 빵 안에 소스를 뿌리고, 잘 구워진 소시지를 꽂아서 먹는 음식이 바로 폴란드의 '프랑스식 핫도그'입니다. 미국의 핫도그를 프랑스 바게트에 접목시켜서 폴란드의 국민 간식이 되었다니! 조합 자체가 너무 재미있지 않나요?

미국도, 프랑스도 썩 반기지 않을 것 같은(?) 활용처럼 보이지만 홋도그 프란추스키는 제가 정말 좋아하던 빵입니다. 이 핫도그에 사용하는 빵은 진짜 프랑스식 바게트는 아니고, 바게트 반죽으로 만든 길쭉한 빵이에요. 빵의 안쪽으로 소시지 자리를 길쭉하게 파낸 폴란드만의 핫도그용 빵이죠. 핫도그를 주문하면 꼭 빵을 한 번 구워주는데, 그게 아주 중요한 포인트입니다. 핫도그 빵이 갓 구운 바게트처럼 바삭해져요. 저는 그 바삭한 맛을 아주 좋아했습니다.

국내에서도 핫도그 프란추스키를 먹고 싶어 수소문하다 보니 폴란드에서 수입한 냉동 생지를 발견했어요. 다만 생소한 형태에 큰 인기를 얻진 못하고 자취를 감춘 것 같습니다. 그래서 직접 만들어 소개합니다.

핫도그 프란추스키만의 장점

핫도그 프란추스키는 편의점, 주유소, 고속도로 휴게소, 기차역 등에서 늘 만날 수 있는 대표적인 길거리 음식입니다. 그래서 가격도 저렴하죠. 편의점에 들어가면 계산대 옆에서 항상 핫도그 소시지를 굽고 있기 때문에 그냥 지나칠 수가 없어요. 물을 사러 들어갔다가도, 과자를 사러 들어갔다가도 항상 손에 핫도그를 들고 나오게 되죠. 핫도그를 하나 주문하면 소시지와 소스 종류를 골라야 합니다. 주문을 마치면 점원이 따뜻하고 바삭하게 구운 바게트 빵 안에 소스를 짜고, 소시지를 넣어 핫도그를 완성해 건네줍니다.

이 특이한 모양의 핫도그가 어디서부터 시작되었는지 알 수 있는 정확한 기록은 없지만, 대중적인 인기를 얻게 된 이유는 명확합니다. 이런 형태의 핫도그만이 가진 장점이 있기 때문이죠. 바로 '들고 먹기 편하다는 것'입니다. 미국식 핫도그는 빵 위에 소시지나 소스, 다른 토핑들을 얹기 때문에 옆으로 들고 먹다가 소스나 다른 재료들을 흘리기 쉬워요. 운전하면서 먹기는 더 힘들 거예요. 하지만 소스와 소시지가 빵 안에 들어있는 형태의 핫도그는 한 손으로 들고 먹어도 소스를 흘리거나, 재료를 떨어트릴 걱정이 없습니다.

게다가 빵, 소스, 소시지라는 단순한 조합 덕에 제조 시간도 아주 짧습니다. 소시지는 항상 그릴에서 구워지고 있기 때문에 빵만 빠르게 데워서 소스와 소시지를 넣으면 끝이죠. 그래서 빠르게 식사를 마치고 다시 여정을 떠나야 하는 손님들에게 아주 적합합니다. 그렇다 보니 자연스럽게 편의점은 물론 고속도로의 휴게소, 주유소 등에서 많이 팔게 되었죠. 꼭 운전 중이 아니더라도, 먹기 편한 형태라 아이들도, 어른들도 즐겨 먹게 되었고요.

　유럽의 다른 국가에서도 이와 비슷한 형태의 핫도그를 볼 수 있습니다. 독일의 '케트부어스트*Ketwurst*', 덴마크의 '프란스크 핫도그 *Fransk hotdog*', 체코의 '파렉 브 롤리쿠*Párek v rohlíku*' 등이 대표적입니다.

Recipe

재료(4개 분량)

/반죽

강력분(혹은 중력분) 300g,
인스턴트 드라이이스트 4g,
소금 2g, 설탕 5g, 미지근한
물 약 210g

/기타

굽거나 데친 소시지 8개,
식물성 오일, 소스(케찹,
머스터드, 스리라차 등)

만드는 법

1. 볼에 반죽 재료를 모두 넣어 매끈하게 반죽하고,
   30분간 발효시킨다.

2. 반죽을 가볍게 둥글리거나 접어 가스를 빼고(펀칭), 두
   배로 발효시킨다.

3. 반죽을 4개로 분할하고, 밀대로 밀어 납작하고
   길쭉한 타원형으로 만든다.

4. 알루미늄 호일을 말아서 원통형으로 만든 뒤 호일
   겉면에 오일을 골고루 바른다. 호일을 반죽으로
   감싸고, 반죽 양 끝을 잘 여며 막는다.

5. 이음새가 있는 부분이 바닥를 향하도록 오븐 팬에
   올리고 20분간 휴지시킨다.

6. 분무기로 반죽 위에 골고루 물을 뿌려 160도로
   예열한 오븐에서 10~15분간 굽는다.

7. 한 김 식으면 빵을 반으로 잘라 호일을 꺼내고,
   안쪽으로 소스를 짜고 소시지를 넣어 먹는다.

☁ Tip

- 빵은 먹기 전에 바삭하게 구워 먹으면 훨씬 맛있어요.
- 먹기 전에 바삭하게 굽지 않는다면 오븐에서 굽는 시간을 늘려주세요.
- 오븐 대신 프라이팬에서 노릇하게 굽는 것도 가능해요.

플람퀴슈

Flammekueche

간단하게 만드는 알자스식 피자

이탈리아에 피자가 있다면, 알자스에는 플람퀴슈가 있습니다. 역사적으로 프랑스와 독일 사이에서 수차례 영토가 바뀌었던 알자스 지역에는 언어, 문화, 음식 등에 두 나라의 특징이 혼합되어 있어요. 플람퀴슈 역시 프랑스어로는 '타르트 플람베*Tarte flambée*', 독일어로는 '플람쿠헨*Flammkuchen*'이라고도 불리지요. 언어는 다르지만 모든 이름의 뜻은 '불에 구운 파이'입니다.

모든 파이는 다 불에 굽는데 왜 플람퀴슈만 특별히 '불에 구운'이라는 이름이 붙었을까요? 바로 화덕의 강렬한 불을 활용해 굽는 빵이기 때문입니다. 보통 화덕에 빵을 구울 때는 장작에 불이 붙자마자 반죽을 넣지 않습니다. 장작이 모두 타고 나서 화덕이 골고루 데워지며, 화덕 속 온도가 적절하게 떨어졌을 때 반죽을 넣어 굽죠. 장작이 처음 불에 타고 있을 때는 내부 온도가 400도 이상 될 정도로 매우 높아서, 반죽을 넣으면 금세 다 타기 마련이거든요. 일반적인 빵들은 이 단계를 지나 화덕 속이 약 250~300도 정도가 되었을 때 반죽을 넣어 굽습니다. 하지만 플람퀴슈는 아직 화덕 속 불꽃이 완전히 꺼지기 전의 높은 온도에 빠르게 구워내기 때문에 '불에 구운'이라는 이름이 붙게 되었다고 해요.

플람퀴슈가 탄생하게 된 배경도 역시 화덕과 관련이 있습니다. 알자스의 농촌에서는 빵을 굽기 전에 화덕의 온도를 가늠하기 위해 얇게 밀어 편 반죽을 구웠다고 해요. 이 반죽이 너무 빨리 타면 화덕 속 온도가 지나치게 높은 것이고, 너무 천천히 구워지면 장작을 더 넣어서 온도를 높여야 했죠. 테스트용으로 구운 반죽을 버리지 않고 위에 이런저런 재료들을 얹어 먹기 시작한 게 바로 오늘날의 플람퀴슈가 되었다고 합니다.

현대의 플람퀴슈는 다양한 재료를 얹어 구워내지만, 가장 기본적인 조합은 라흐동*Lardon*(지방이 풍부한 베이컨의 일종), 크렘 프레슈*Crème fraîche*(크림을 발효시킨 것으로 사워크림과 유사), 양파 이렇게 세 가지 재료를 사용한 것입니다. 플람퀴슈는 전기 오븐이나 가스 오븐으로도 구울 수 있지만 장작을 사용한 화덕에 구운 것을 최고로 여깁니다. 진한 구움색과 장작의 향은 오로지 화덕에서만 낼 수 있다고 하네요.

플람퀴슈 만들기

플람퀴슈 반죽의 재료는 꽤 간단해요. 레시피에 따라 다르지만 대부분 밀가루, 물, 사워도우나 상업용 이스트(두 가지를 다 쓰는 경우도 있음), 소량의 기름과 소금 정도입니다. 모든 재료를 잘 섞어 반죽을 만든 뒤, 1~2mm 정도의 얇은 두께로 밀어 폅니다. 이렇게 반죽을 얇게 만들어야 오븐에서 순식간에 구울 수 있기 때문입니다. 반죽은 따로 모양을 만들어 줄 필요도 없이, 적당한 직사각형이나 타원형으로 얇게 밀어 만들면 됩니다.

얇게 민 반죽 위에는 크렘 프레슈를 바르는데, 주로 크렘 프레슈에 소금, 후추, 넛맥, 코티지 치즈 등을 섞어 양념한 것을 사용합니다. 그다음 토핑을 얹어요. 가장 기본 재료인 베이컨, 양파 조합부터 버섯이나 다양한 치즈와 햄도 사용합니다. 그리고 고온으로 불을 피워둔 화덕에 넣어 1~2분 내로 구워냅니다. 바닥이 바삭하게 익고, 진한 구움색이 나며 테두리가 검게 그을려지면 완성이에요. 탄 부분이 몸에 좋지 않다거나 쓴맛이 난다고 생각할 수도 있지만, 플람퀴슈는 바로 이 '불맛'의 매력을 즐기는 빵입니다.

물론 혼자서 다 먹을 수도 있지만, 플람퀴슈는 주로 한 판을 여러 조각으로 잘라 함께 나눠 먹는 음식입니다. 오래전 농촌에서 공용 화덕에 플람퀴슈를 구워 마을 사람들과 나눠 먹었던 것처럼 말이죠. 더불어, 현대에는 플람퀴슈 위에 올릴 수 있는 재료가 상당히 많아졌음에도 불구하고 예전처럼 소박한 재료만을 사용한 플람퀴슈가 꾸준히 사랑받고 있습니다. 그래서 플람퀴슈로 유명한 알자스 지역 레스토랑들의 메뉴를 살펴봐도, 화려한 재료를 듬뿍 올린 것보다는 서너 가지의 단순한 재료로 맛을 낸 것들이 많답니다.

플람퀴슈는 반죽에 사워도우나 상업용 이스트 같은 발효제를 넣긴 하지만 피자처럼 장시간 발효하는 것은 아닙니다. 물론 레시피에 따라 장시간 발효를 거친 반죽을 사용하기도 하지만, 장시간 발효를 거쳐 크고 작은 기포가 많이 생긴 반죽은 얇게 골고루 밀어 굽기가 어렵다고 합니다. 하지만 풍미는 오래 발효한 쪽이 훨씬 좋을 것 같습니다. 반대로 발효제를 넣지 않은 반죽은 어떨까요? 실제로 여러 레시피에서 발효제를 넣지 않고 밀가루, 물, 소금, 소량의 기름만을 넣어 만드는 법을 소개하고 있습니다. 발효제를 넣지 않은 반죽은 반죽 후 잠깐의 휴지 시간만 가져도 바로 사용할 수 있기 때문에 훨씬 빠르게 만들 수 있다는 장점이 있어요. 피자처럼 오래 발효하지 않아도 만들 수 있고, 얇고 바삭한 식감이 매력적인 플람퀴슈. 알자스 지역에서 빼놓을 수 없는 대표적인 빵입니다.

알자스 지역의 빵 탐험

알자스 지역에는 플람퀴슈만큼이나 독특하고 유명한 빵과 과자가 많습니다. 프랑스와 독일의 영향을 골고루 받아 두 나라의 문화가 섞인 빵과 과자가 다양하게 존재하기 때문이에요. 알자스에서 유명한 빵과 과자를 탐험해 볼까요? (대부분 프랑스어와 독일어, 알자스어로 된 세 가지 이름이 존재하지만, 현재는 알자스가 프랑스 지역인 관계로 프랑스어를 기준으로 표기합니다.)

쿠글로프 *Kouglof*

왕관 모양의 틀에 넣어 구운 브리오슈 케이크. 알자스를 대표하는 케이크로, 효모를 넣어 발효시킨 브리오슈 반죽으로 만든다. 반죽 위쪽에는 통 아몬드를 사용해 장식하기도 한다. 빵만큼이나 알자스의 쿠글로프 틀이 유명하다. 알자스의 여러 기념품 가게에서 도자기로 만들어 다양한 색으로 유약을 입히고, 손으로 그림을 그려 장식한 아름다운 쿠글로프 틀을 쉽게 만나볼 수 있다.

베라베카 *Berawecka*

알자스 지역에서 크리스마스와 연말에 즐겨 먹는 과일 케이크. 말린 과일, 견과류 등을 반죽에 풍성하게 넣어 만드는 것이 특징이다. 말린 과일과 견과류를 작게 잘라서 준비하고, 키르쉬 *Kirch*(체리 브랜디)를 넉넉하게 부어 하루 정도 숙성시켜 사용한다. 발효된 반죽과 준비한 과일을 잘 섞어 둥근 모양으로 빚어 굽는다. 효모를 넣은 발효 반죽을 사용하지만 건과일과 견과류 등의 비중이 매우 높아 묵직한 식감으로 만들어진다. 한 조각씩 얇게 잘라먹는다.

타흐트 오 퀘치 *Tarte aux quetsches*

잘 익은 자두를 올려 만든 알자스식 자두 타르트. 보통의 타르트는 효모를 넣지 않고 만든 반죽을 사용하지만, 알자스식 자두 타르트에는 발효한 빵 반죽을 사용한다. 브리오슈처럼 버터와 설탕, 우유를 넣어 부드럽게 만든 반죽을 타르트 틀에 넣고, 자두와 설탕을 뿌려 구우면 완성된다. 독일의 발효 케이크 문화가 남아있는 레시피다.

마넬레*Mannele*, 마날라*Manala*

알자스어로 '작은 사람'이라는 뜻으로, 이름에 맞게 사람 모양으로 만든 브리오슈. 전통적으로 12월 6일, 성 니콜라스의 축일에 만들어 기념한다. 이와 유사하게 사람 모양으로 만든 크리스마스 빵으로는 독일의 '베크만*Weckmann*', 스위스의 '그리티벤츠*Grittibenz*' 등이 유명하다.

팡 데피스*Pain d'épices*

프랑스의 진저브레드 팡 데피스는 알자스에서 유래한 것은 아니지만, 알자스의 게르트윌러*Gertwiller* 지역이 매우 유명하다. 게르트윌러는 18세기부터 팡 데피스를 만들기 시작한 지역으로 알려지며, '프랑스 팡 데피스의 수도'라고 불릴 정도로 유명하다. 전통 팡 데피스 레시피는 밀가루, 꿀, 향신료만 사용해 만드는데, 게르트윌러 지역에서는 호밀 가루를 주로 사용한다. 이 외에도 달걀, 설탕, 버터 등을 넣어 부드럽게 만들거나 부재료로 오렌지, 사과, 초콜릿, 자두, 아몬드 등의 다양한 재료들을 활용하여 만들기도 한다.

Recipe

재료

/반죽

밀가루 100g, 물 55g, 올리브
오일 5g, 소금 한 꼬집,
인스턴트 드라이이스트
2g(생략 가능)

/크림

크렘 프레슈(혹은 사워크림)
50g, 프로마주 블랑 치즈
20g, 소금, 후추, 넛맥 가루
적당량

/토핑

채 썬 양파 1개, 잘게 썬
베이컨 적당량

만드는 법

1. 볼에 오일을 제외한 반죽 재료를 모두 넣고 한
   덩어리가 되도록 반죽한 다음, 올리브 오일을 넣어
   매끈하게 반죽한다.

2. 완성된 반죽은 마르지 않게 덮어 30분~1시간 동안
   휴지시킨다.

3. 휴지를 마친 반죽을 1mm 두께로 밀어 펴고, 오븐 팬
   위에 올린다.

4. 크림 재료를 모두 섞어 반죽 위에 골고루 펴 바르고,
   토핑용 양파와 베이컨을 얹어 230도로 예열한
   오븐에서 15분간 굽는다.

5. 가장자리가 노릇노릇해질 정도로 구우면 완성.

☁ Tip

- 프로마주 블랑이 없다면, 대신 크렘 프레슈(혹은 사워크림)를 70g으로 늘려주세요.

- 취향에 따라 다양한 재료를 얹어 만들어 보세요.

- 고온에서 빠르게 굽는 것이 중요해요. 250도에서 5~10분간 구워도 좋아요.

푸가제타

Fugazzeta

치즈가 흘러넘치는 아르헨티나의 양파 빵

한 조각 들어올리면 치즈가 가득 흘러넘치는 아르헨티나의 양파 치즈 빵, 푸가제타. 푸가제타는 '아르헨티나식 피자'라고도 알려진, 아르헨티나 부에노스아이레스 지역의 독창적인 빵입니다. 둥글게 펼친 반죽 위에 치즈를 한가득 넣고, 또 다른 반죽으로 덮은 다음 채 썬 양파를 올려 굽죠. 중요한 건 치즈의 양입니다. 적당히 흩뿌리는 정도가 아니에요. 큼직한 덩어리 치즈를 작게 썰어 한가득 넣습니다. 피자처럼 테두리를 남겨 두지도 않고 치즈로 가득 채우죠. 심지어 양파를 올린 윗면에도 치즈를 더해 굽기도 합니다. 처음 푸가제타를 봤을 때, 엄청난 양의 치즈에 놀라 '이 레시피만 이렇게 치즈를 많이 넣나 보다'라고 생각했어요. 그런데 이 빵을 탐험하면서 그것이 '아르헨티나 푸가제타의 표준'이라는 것을 알게 되었습니다. 어떻게 푸가제타에 이렇게 많은 양의 치즈를 넣을 수 있었을까요?

세계적인 소 사육 국가인 아르헨티나는 대규모의 목축업이 발달한 곳입니다. 소고기를 빼고는 아르헨티나 요리를 논할 수 없을 정도죠. 아르헨티나는 브라질, 호주 등과 함께 세계에서 가장 많은 양의 소고기를 수출하는 국가이기도 합니다. 이런 환경 덕분에 풍부한 원유 생산이 가능했고, 자연히 치즈, 버터, 우유 등의 유제품 생산량도 많아졌습니다. 그래서

아르헨티나에서 치즈는 어디서나 구할 수 있는 흔하고, 저렴한 재료였죠. 덕분에 푸가제타에도 치즈를 아낌없이 사용하게 된 것이라고 합니다.[10]

포카치아가 아르헨티나를 만나면

아르헨티나에서만 만날 수 있는 이 푸가제타가 사실은 이탈리아에 뿌리를 두고 있다는 사실, 아시나요? 아르헨티나는 1850년대부터 약 100년간, 대규모 이주를 통해 많은 이탈리아인이 유입되었습니다. 1860년에는 아르헨티나 전체 이민자의 71%가 이탈리아인이었고, 1900년대 이후 10년 동안 아르헨티나 신규 이민자의 45%를 이탈리아인이 차지했다고 알려지죠.[11] 현재도 아르헨티나는 이탈리아 밖에서 가장 큰 이탈리아인 커뮤니티를 보유하고 있는 국가로, 아르헨티나 인구의 약 60% 이상이 한 명 이상의 이탈리아계 조상을 가지고 있다는 조사도 있습니다.

아르헨티나로 이주한 이탈리아인들은 이탈리아의 여러 지역에서 유입되었지만, 그중에서도 처음 유입된 이탈리아인은 주로 북부 리구리아*Liguria*와 피에몬테*Piemonte* 출신, 그다음으로 이탈리아 남부 칼라브리아*Calabria*와 시칠리아*Sicilia* 출신이었다고 알려집니다.[12] 대규모로 유입된 이탈리아인들은 이탈리아의 다양한 문화를 아르헨티나 사회 전반에 전하기 시작했고, 그들의 식문화도 자연스럽게 전파되었습니다. 특히 리구리아 주의 중심, 항구 도시 제노바를 통해 많은 이민자가 유입되었는데 이들이 바로 '포카치아'를 만들던 사람들이었죠. 그리고 포카치아의 제노바 사투리는, '푸가싸*Fugassa*'였습니다.

여기서 푸가제타의 기원인 '푸가짜*Fugazza*'가 탄생합니다. 이탈리아 북부 사람들이 즐겨 먹던 양파를 올린 포카치아(푸가싸), 남부 사람들이 즐겨 먹던 피자가 아르헨티나에서 만나 현지 스타일 '푸가짜'로 자리 잡게 된 것이죠. 푸가짜는 이탈리아의 양파 포카치아처럼 반죽 위에 양파만 올려서 굽는 것이었는데, 치즈가 흔했던 아르헨티나에서 그 위에 치즈를 더하면서 '푸가짜 꼰 께소*Fugazza con queso*', 번역하면 치즈를 올린 푸가짜의 형태로도 발전하게 되었습니다.

결정적으로, 제노바 출신의 이민자 아구스틴 반체로*Agustín Banchero*가 빵집에서 포카치아(푸가짜)나 치즈를 올린 푸가짜 등을 판매하다가, 그의 아들인 후안 반체로*Juan Banchero*가 '푸가제타'를 발명했다고 전해집니다.[13] 그리고 그는 1932년, 피제리아 반체로를 열었습니다. 이후 푸가제타는 부에노스아이레스 지역에서 엄청난 인기를 얻게 되었고, 지금까지도 사랑받는 아르헨티나의 빵이 되었어요. 2002년 피제리아 반체로는 아르헨티나 요리에 기여한 공로로 부에노스아이레스의 문화적 관심 장소*Sitio de interés cultural*로 지정되기도 했습니다.

푸가제타는 푸가짜에 접미사 '-eta'를 붙인 일종의 파생어로, 이전의 푸가짜와는 다른 새로운 조리법과 정체성을 지닌 빵이 되었습니다. 이탈리아 이민자들이 가져온 포카치아(푸가짜)가 푸가짜로, 그리고 그 푸가짜가 다시 푸가제타로 진화하면서 이제는 아르헨티나만의 빵이 되었죠. 누군가는 푸가제타가 이탈리아 북부의 포카치아와 남부의 피자가 만나 탄생한 음식이라고도, 이탈리아 레코 지역의 치즈 포카치아가 진화한 것이라고도 이야기합니다. 하지만 중요한 것은 이탈리아의 빵이 아르헨티나 현지에서 저만의 독특한 형태로 발전하여, 국민 음식으로 자리 잡았다는 사실입니다.

양파 빵의 세계

푸가제타에서 빠질 수 없는 재료라면 흘러넘치는 치즈를 먼저 떠올릴 수 있겠지만, 양파 역시 푸가제타의 필수 요소입니다. 아무리 반죽에 치즈를 많이 넣어도, 양파가 빠지면 푸가제타라고 부르지 않죠. 푸가제타의 양파는 언뜻 보면 치즈에 가려진 조연 같기도 하지만 사실은 치즈 못지않은 주연이랍니다. 세계의 빵을 탐험하면서 생각보다 양파를 올리는 빵이 흔하지 않다는 점이 신기했어요. 푸가제타처럼 양파를 꼭 사용하는 양파 빵의 세계를 한번 탐험해 봅시다.

양파 빵

한국의 양파 빵은 레시피에 따라 다양한 형태가 존재하지만, 주로 부드럽고 폭신한 반죽 위에 채 썬 양파를 올리고, 취향에 따라 마요네즈, 치즈, 베이컨 등을 올려 구운 빵이다. 작게 굽기보다는 낮고 평평한 모양이 많다. 양파를 가볍게 숨이 죽을 정도로 볶아 올리면 구워지는 동안에도 타지 않아 좋다.

체불라슈 루벨스키*Cebularz Lubelski*

'루블린 양파 빵'이라는 뜻의 체불라슈 루벨스키. 폴란드 동부 도시 루블린에서 기원한 둥근 양파 빵으로, 촉촉하고 부드러운 빵 위에 양파, 양귀비 씨앗, 식물성 기름을 섞은 토핑을 얹어 굽는다. 2014년 유럽의 지리적 표시 보호*PGI*를 받았으며, 루블린에는 양파 빵 박물관도 있을 정도로 루블린을 대표하는 빵이다.

비알리*Bialy*

미국의 폴란드 출신 유대인 이민자들이 전파한 양파 빵. 작고 둥근 빵 가운데에 볶은 양파, 양귀비 씨앗을 올린 것이다. 19세기 후반, 동유럽에서 유대인들이 미국으로 이주하면서 뉴욕의 유대인 빵집과 미국 북동부 지역에서 유명한 빵이 되었다. 체불라슈 루벨스키와 유사한 형태이다. '비알리'라는 이름은 폴란드 동부 도시 '비아위스톡*Bialystok*'에서 유래했다.

츠비벨쿠헨*Zwiebelkuchen*

'양파 케이크'라는 뜻의 츠비벨쿠헨은 독일의 양파 타르트이다.
독일 남부, 스위스, 알자스 등의 지역에서 많이 먹는다.
사각형이나 원형으로 바삭한 파이지를 만들고, 그 안에 채 썰거나 다진 양파,
사워크림, 달걀, 베이컨 등을 섞은 필링을 넣어 굽는다. 특히 가을에 인기
있는 음식으로, 독일의 와인 생산 지역에서 포도 수확기인 가을에 맛보는
'페더바이저*Federweißer*(갓 짜낸 포도즙을 발효시켜 만든 독일의 술)'와 함께 먹는 것으로
유명하다.

뽀우 쥐 세볼라*Pão de cebola*

브라질어로 '양파 빵'을 뜻하는 뽀우 쥐 세볼라. 주로 한국의 모닝빵처럼
작고 둥근 롤 형태로 만든다. 부드럽고 폭신폭신한, 양파 맛이 은은하게 나는
빵이라고 한다. 양파를 물이나 우유, 오일 등의 액체 재료와 함께 블렌더에 갈아
반죽에 넣는 점이 특이하다. 작은 빵이라는 뜻의 '빠오쥐뇨 쥐 세볼라*Pãozinho de
cebola*'라고 부르기도 한다.

Recipe

재료

/반죽

중력분 300g, 물 180g,
인스턴트 드라이이스트 4g,
소금 3g

/양파 토핑

채 썬 양파 500g, 소금
적당량, 건조 오레가노

/필링

모짜렐라 치즈 300g,
크림치즈 300g

만드는 법

1. 반죽 재료를 모두 넣어 매끈하게 반죽하고, 두 배가
   되도록 발효시킨다(약 1시간).

2. 발효하는 동안 채 썬 양파에 소금을 골고루 뿌려
   뒤적이고, 잠시 절여둔다.

3. 반죽이 부풀면 반죽을 300g(아래쪽 반죽), 180g(위쪽
   반죽) 2개로 나누고, 둥글려 20분간 휴지시킨다.

4. 휴지가 끝난 반죽은 밀대로 얇게 밀어 원형으로
   만들고, 오일을 가볍게 바른 팬 위에 아래쪽 반죽을
   얹는다.

5. 그 위로 작게 자른 모짜렐라 치즈와 크림치즈를 섞어
   올린다.

6. 위쪽 반죽도 밀대로 얇게 밀어 치즈 위에 얹고,
   가장자리를 붙여 닫는다. 이때 위쪽 반죽을 두세
   군데 가볍게 찢어 부풀지 않도록 한다.

7. 절여둔 양파는 꼭 짜서 물기를 제거하고 반죽 위에
   듬뿍 올린다. 마지막으로 올리브 오일을 골고루
   뿌리고 오레가노를 뿌린다.

8. 230도로 예열한 오븐에 넣어 20분간
   노릇노릇해지도록 굽는다.

- 양파의 강한 향을 내고 싶다면 절이지 않고 사용해도 좋아요.

- 크림치즈가 없다면 모짜렐라 치즈 600g으로 만들어도 좋아요. 크림치즈를 섞으면 부드러운 맛이 더해집니다.

- 치즈와 함께 얇은 햄을 넣어 만들기도 해요.

- 완성된 푸가제타 위에 치미추리 소스를 바르면 더욱 맛있어요.

Lingue di pizza

이탈리아의 바삭한 혓바닥 피자

이탈리아어로 '피자의 혀' '혀 피자'를 뜻하는 링구에 디 피자. 어쩌다 피자에 이런 희한한 이름이 붙었나 싶지만 정말로 혀처럼 얇고 길쭉한 이 빵을 보면 고개를 끄덕이게 됩니다. 링구에 디 피자는 전통 이탈리아 피자가 아니라 몇 년 전부터 이탈리아, 특히 로마 지역에서 유행하고 있는 새로운 피자입니다. 이름대로 혀처럼 길쭉하고 얇은 반죽으로 만든 피자인데, 바삭한 식감 덕분에 대단한 인기를 끌고 있습니다.

링구에 디 피자 위에는 주로 '파사타*Passata*'라는 건더기가 없는 고운 토마토 소스와 올리브 오일, 소금, 오레가노 정도를 올려 굽습니다. 얇게 썬 감자나 양파, 치즈 등을 올리는 경우도 있지만 대부분은 토마토 소스예요. 신기하게도 링구에 디 피자는 토마토 소스를 한 번만 발라서 굽는 게 아니라, 두 번에 걸쳐 바릅니다. 처음 소스를 발라서 오븐에서 한 번 굽고, 중간에 꺼내서 다시 소스를 바르죠. '한 번만 많이 발라서 구우면 되지 않을까?' 싶어서 실험해보니 확실히 달랐습니다. 한 번에 많이 발라서 구우면 토마토 소스의 수분이 많이 남아 반죽이 축축하지만, 두 번에 걸쳐 구우니 수분은 날아가고 토마토 맛은 진하게 응축되어 훨씬 맛있었어요. 바삭함도

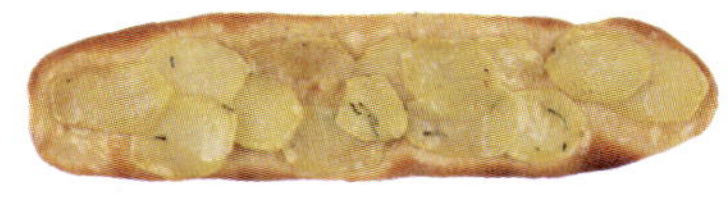

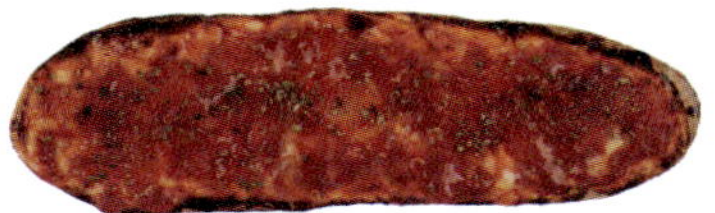

훨씬 좋고요. 반으로 접으면 '콰작!' 소리가 나는 길쭉하고 새빨간 피자, 함께 탐험해 볼까요?

링구에 디 피자, 누가 만들었을까?

누가 발명했는지 정확한 시작은 알려지지 않았지만, 초기의 링구에 디 피자는 이렇게 바삭한 형태가 아니었던 것으로 추정합니다. 일반적인 피자 반죽을 길쭉한 형태로 늘려 만들고, 그 위에 다양한 피자 토핑을 얹어 구운 빵을 일컬었던 것으로 보여요. 그래서 대략 2015년 이전에는 '링구에 디 피자'라고 하면 포카치아나 피자를 길쭉하게 구운 것이 많았습니다. 하지만 해를 거듭하며 점점 더 바삭한 형태로 진화했습니다. 로마 지역은 원래 얇고 바삭한 스타일의 피자를 선호하기 때문에, 링구에 디 피자도 점점 바삭해진 게 아닐까 싶습니다.

링구에 디 피자가 어떻게 생겨났는지를 찾다 보면 꼭 함께 등장하는 빵이 또 하나 있습니다. 바로 '시어머니의 혀'라는 뜻의 '링구에 디 수오체라*Lingue di suocera*'입니다. 링구에 디 수오체라는 밀가루, 효모, 물, 소금, 올리브 오일을 넣어 반죽하고, 길쭉하고 얇게 밀어 바삭하게 굽는 빵의 일종입니다. 그래서 빵처럼 먹거나, '아페리티보*Aperitivo*(저녁 시간 전에 도수가 낮은 술과 스낵을 즐기는 이탈리아의 문화)'에 즐겨 먹죠. 바삭한 링구에 디 수오체라 위에 피자처럼 소스나 토핑을 얹어 구운 것이 링구에 디 피자가 되었다는 이야기도 있어요.

다시 말해 길쭉하게 구운 피자가 점점 바삭한 형태로 바뀐 것과, 원래 얇고 바삭한 '링구에 디 수오체라'가 피자 형태로 바뀌었다는 두 가지 가설이 이 혓바닥 피자의 유력한 탄생 배경인 거죠. 어떻게 탄생했는지 정확하게는 알 수 없어도, 이탈리아에서 전통이 아닌 레시피도 인기를 얻고 있다는 점이 흥미롭습니다. 하지만 역시 파인애플은 올릴 수 없겠죠?

다양한 방법으로 만드는 링구에 디 피자

링구에 디 피자는 다양한 방법으로 만들 수 있습니다. 발효하는 버전, 하지 않는 버전부터 두께와 토핑까지 다양한 변주를 줄 수 있어요. 각각의 방법대로 만들어본 실험 노트를 여러분께도 공유합니다. 5분만 가볍게 반죽해서, 재밌고 맛있게 만들어 보세요.

발효

· 발효 없이 만들기: 맛이 없을 줄 알았는데 바삭하고 맛있다. 크래커 같은 맛과 식감!

· 상업용 이스트로 만들기: 발효시키니 조금 더 소화도 잘되고, 감칠맛도 있는 편.

· 사워도우로 만들기: 사워도우의 산미가 토마토 소스와 서로 방해되지 않도록 발효를 잘 조절하는 것이 좋다. 빵 자체는 사워도우 들어간 게 제일 맛있었는데, 바삭함은 조금 떨어지는 느낌.

· 비가*Biga*(소량의 이스트로 장시간 발효시킨 사전 반죽)로 만들기: 아주 가볍고 파삭한데, 비가 만드는 게 번거롭고 귀찮다.

두께

· 아주 얇게 만들기: 과자처럼 콰작콰작 맛있다.

· 살짝 도톰하게 만들기: 겉은 파삭한데 속은 폭신한 느낌도 꽤 잘 어울린다.

토핑

· 토마토 소스: 고운 토마토 소스(파사타)나 홀토마토(펠라티)를 사용한다.

· 생토마토: 잘 익은 생토마토를 으깨서 과육만 올려서 사용한다. 씨와 수분을 제거하는 게
낫다.

· 감자와 로즈마리: 감자는 얇게 썰어 물에 담갔다가 물기를 제거하고 사용한다. 로즈마리와
올리브 오일, 소금을 뿌려 굽는다.

· 양파나 주키니: 적양파나 얇게 썬 주키니, 올리브 오일, 소금을 뿌려 구워도 맛있다.

성형

· 하나씩 길쭉하게 늘려서 굽기

· 반죽을 얇게 펼쳐 민 다음 길게 잘라서 굽기

Recipe

재료(약 8~9개 분량)

/발효 없는 버전 반죽
중력분(혹은 강력분) 500g,
소금 4g, 물 약 300g, 올리브
오일 20g

/드라이이스트 버전 반죽
중력분(혹은 강력분) 500g,
인스턴트 드라이이스트 3g,
소금 5g, 물 약 300g, 올리브
오일 20g

/사워도우 버전 반죽
발효종 150g, 중력분(혹은
강력분) 425g, 소금 5g, 물 약
210g, 올리브 오일 20g

/토핑 재료
토마토 소스 500g, 토핑용
올리브 오일, 건조 오레가노,
소금 적당량

만드는 법

1. 볼에 밀가루, 소금, 물을 섞고 날가루가 보이지 않게
가볍게 섞은 뒤, 올리브 오일을 넣고 매끈해질 정도로
3~5분간 반죽한다.

2. 마르지 않게 덮어 최소 10~20분간 휴지시킨다.
발효하는 경우 두 배로 부풀린다(드라이이스트 약 1시간,
사워도우 약 3시간).

3. 원하는 크기로 분할하고 손으로 늘리거나 밀대로
밀어 얇은 타원형의 반죽을 만든다.

4. 올리브 오일을 바른 팬 위에 반죽을 얹는다.

5. 반죽 위에 토마토 소스를 바르고 소금을 뿌려
230도에 7~10분간 굽는다.

6. 오븐에서 꺼내 한 번 더 토마토 소스를 골고루
바른다.

7. 토핑용 올리브 오일 적당량과 오레가노를 뿌리고
230도에 5~10분간 구워 완성한다.

- 아래쪽 불이 충분히 뜨거워야 바삭하게 굽기 좋아요. 피자 스톤 등이 있다면 활용해 보세요.

- 가정용 열선 오븐에서는 가장 아랫단에서 굽다가, 중간에 단을 올려줘도 좋아요.

- 바로 먹었을 때 가장 맛있어요. 다시 먹을 땐 꼭 재가열해서 바삭하게 만들어 주세요.

포카치아 바레제
Focaccia Barese
이탈리아 바리 지역의 전통 포카치아

여름만 되면 떠오르는 여름 맛 가득한 포카치아, 포카치아 바레제. 이탈리아는 지역마다 다양한 포카치아가 존재하고, 아직 한국에 널리 알려지지 않은 맛있는 포카치아도 많습니다. 저는 이탈리아를 정말 사랑하는 한 셰프님을 통해 포카치아 바레제를 알게 되었어요. 이름은 생소할지 몰라도, 한국에서 다 구할 수 있는 재료들을 사용하는 데다가 맛도 생각보다 익숙한 빵입니다.

이탈리아어로 '바리식 포카치아'라는 뜻의 포카치아 바레제는 이탈리아의 남부 도시, '바리*Bari*'의 빵입니다. 바리가 속한 풀리아 지역에서 비슷한 형태의 포카치아를 많이 만들기 때문에 '포카치아 풀리에제*Focaccia Pugliese*(풀리아식 포카치아)'라고 불리기도 해요.

풀리아 지역은 특유의 자연환경과 기후 덕분에 이탈리아 내에서도 듀럼밀, 감자, 토마토, 올리브 등의 생산량이 높은 곳입니다. 그래서 포카치아에도 이 모든 작물이 풍성하게 쓰여요. 감자를 삶아서 넣은 쫀득하고 고소한 반죽에 세몰라를 섞고, 그 위에 잘 익은 토마토와 올리브를 얹은 뒤, 신선한 올리브 오일을 가득 뿌려서 구우면 포카치아 바레제가 완성되죠. 바리가 그대로 담긴 포카치아 바레제입니다.

감탄스러운 이탈리아의 토마토 사용법

포카치아 바레제를 찾아보며 신선한 충격을 받았어요. 포카치아 바레제 위에 올라가는 토마토를 어떻게 손질하는지 아시나요? 방울토마토처럼 작은 토마토들은 그저 반을 갈라 올리지만, 조금 더 큼직한 토마토들은 모두 '손으로 찢어서' 사용합니다. 큰 통에 토마토를 가득 담고, 작은 칼로 토마토를 마구 썰어요. 그다음 손으로 토마토를 하나하나 찢어서 가볍게 으깨 사용합니다. 심지어 칼로 써는 과정 없이 큰 토마토를 바로 손으로 작게 찢어 으깨기도 해요. 정말 신기하죠?

토마토를 이렇게 으깨서 사용하는 이유는 바로 토마토의 불필요한 수분과 씨 부분을 제거하고, 달큰한 토마토 과육을 제대로 사용하기 위해서입니다. 이 방법을 처음 알고 '이거다!'를 외쳤어요. 가끔 포카치아 위에 방울토마토를 얹어서 굽기도 했는데, 한입 베어 물면 툭 터져 나오는 뜨끈한 토마토즙이 빵과 어울리지 않는다고 줄곧 생각했거든요. 시간이 지나면 토마토를 얹은 자리가 지나치게 축축해져서 식감이 나빠지기도 하고요. 그런데 이탈리아에서 하는 것처럼 토마토를 잘 찢고, 으깨서 반죽 위에 얹어 구우니 한 번에 해결됐습니다. 식감도 좋고, 축축해지지도 않고요.

토마토 품종이 다양한 이탈리아는 포카치아 바레제에도 철마다 가장 맛있는 토마토를 올려서 굽는다고 합니다. 단맛이 강하고 산미가 낮은 산 마르자노*San Marzano*, 균형 있는 산미와 단맛을 지닌 칠리에지노*Ciliegino*, 농축된 단맛의 다떼리노*Datterino* 등을 사용할 수 있어요.

칠리지에노

산 마르자노

　한국에서는 이런 토마토를 구하기 쉽지 않아서 완숙 토마토, 방울토마토, 대추 방울토마토 등으로 시도해 보았습니다. 이탈리아 토마토를 사용할 수 있는 방법이 토마토 홀 통조림밖에 없어서 이것도 사용해 봤고요(물론 이탈리아에서는 통조림 토마토를 포카치아 바레제 위에 올리지 않겠지만요!). 한국의 토마토는 달콤하고 시원한 맛이 강한 편이고 이탈리아 토마토 통조림은 색도 맛도 진한 편이니, 취향에 맞게 사용해 보세요.

Recipe

재료

(지름 28cm 피자 팬 1개 기준)

/반죽

삶은 감자 100g, 세몰라 150g, 중력분(혹은 강력분) 150g, 소금 3g, 인스턴트 드라이이스트 2g(겨울철은 3g), 물 약 230g

/토핑

토마토 150g~300g, 올리브 취향껏(약 100g), 올리브 오일, 소금, 건조 오레가노

만드는 법

1. 감자는 미리 삶아서 으깨어 충분히 식혀둔다.

2. 볼에 반죽 재료를 모두 넣어 매끈하게 반죽하고, 두 배로 발효시킨다(약 1시간).

3. 토마토는 손으로 골고루 찢어 준비한다.

4. 팬 위에 올리브 오일을 넉넉하게 뿌리고, 발효된 반죽을 얹어 손으로 눌러 펼친다.

5. 반죽 위에 올리브 오일을 넉넉히 뿌리고, 손질한 토마토와 올리브를 얹은 뒤 소금, 오레가노를 뿌린다.

6. 덮지 않고 실온에서 15~20분간 두었다가 230도로 예열한 오븐에 13~15분간 굽는다. (에어프라이어의 경우 220도로 예열 후 210도 15~17분간 굽는다.)

☁ Tip

- 중력분이나 강력분 대신 Tipo 00을 사용해도 좋아요.
- 팬에 올리브 오일을 넉넉하게 뿌려서 구우면 튀겨지듯이 구워져서 바삭해요.
- 씨를 빼지 않은 통 올리브가 전통이지만, 씨를 뺀 올리브를 사용하면 먹기 편해요.
- 사용하는 틀에 따라 두께, 식감이 많이 달라질 수 있습니다. 반죽의 두께는 2~3cm가 적당해요.

달콤한 빵과 과자

야고지안카

Jagodzianka

여름이 오면 생각나는 폴란드의 야생 블루베리 빵

야생 블루베리를 달콤하고 부드러운 빵 속에 가득 채워 굽는 폴란드의 빵, 야고지안카. 매년 여름만 되면 폴란드 베이커리 곳곳에서 보이는 인기 빵입니다. 공휴일까지는 아니지만 '야고지안카의 날*Dzień Jagodzianki*'이 있을 정도로 폴란드 사람들은 야고지안카를 좋아해요.

폴란드의 여름엔 블루베리뿐만 아니라 체리, 라즈베리, 블랙베리 등 다양한 베리류 과일이 넘쳐납니다. 폴란드에서 여름을 맞이했을 때, 온갖 신선한 베리류 과일을 저렴하게 판매하는 것을 보고 정말 신기했어요. 한국에선 이런 과일들은 특히 더 비싸니까요. 그래서 야고지안카는 블루베리가 신선하고 풍부한 여름철에 즐기는 제철 빵이기도 합니다.

폴란드에서는 크게 두 가지의 블루베리를 볼 수 있어요. 알이 굵고 단맛이 강하며, 단면이 연한 베이지 색을 띠는 '보루프카*Borówka*'는 우리에게도 익숙한 블루베리입니다. 그리고 다른 하나는 보루프카에 비해 알이 작고 단단하며, 신맛이 강하고 단면이 검은색을 띠는 '야고다*Jagoda*'입니다. 우리나라에서 '야생 블루베리' '빌베리*Bilberry*'라 부르는 것이 바로 이 야고다랍니다.

야고지안카는 보루프카가 아닌 야고다를 듬뿍 넣어 만든 빵입니다. '야고다'라는 단어에 '-이안카*ianka*'라는 폴란드어의 지소사(본래의 뜻보다 더 작은 개념이나 애칭으로 부르는 말)를 붙여 '야고지안카'가 되었죠. 부드러운 빵 반죽 안에 생블루베리(야생 블루베리)를 듬뿍 넣고, 위에는 크럼블*Kruszonka*을 올려 굽는 것이 가장 대표적인 야고지안카입니다. 크럼블 대신 혼당*Lukier*으로 장식하는 경우도 많아요. 모양은 동그랗거나 살짝 길쭉한 모양이 가장 많고, 안에 블루베리를 넣는 게 대중적이지만 가끔 반죽 위에 블루베리를 올린 버전도 있습니다.

최고의 야고지안카를 찾아서

야고지안카가 폴란드에서 무척 사랑받는 빵이다 보니, 매년 여름이 되면 지역마다 최고의 야고지안카를 찾아다니는 사람들이 많습니다. 인스타그램, 블로그 등에서 도시마다 맛있는 야고지안카를 파는 베이커리를 모아 소개하는 글도 볼 수 있어요. 해마다 최고의 야고지안카를 선정하는 기사도 있어서, 과연 내년엔 또 어느 베이커리가 1등을 하게 될지 궁금해지기도 합니다. 블루베리가 맛있는 시즌에만 잠깐 만날 수 있는 빵이다 보니 부지런히 먹으러 다녀야 해요.

야고지안카는 마트에서 구할 수 있는 저렴한 가격의 버전부터, 고급 재료를 사용한 버전까지 매우 다양해서 여러 가지를 비교하며 먹어보는 재미가 있어요. 베이커리마다 반죽, 필링, 위에 올라가는 재료까지 각자의 개성을 녹여 만드는 빵이기 때문이죠. 같은 야고지안카라고 하더라도 부드러운 브리오슈 반죽부터 통밀을 사용한 반죽, 비건 재료만 들어간 반죽, 페이스트리 등 빵 생지부터 다양합니다. 거기에 블루베리를 생으로 넣을지, 설탕에 살짝 졸여서 넣을지, 푹 졸여서 넣을지도 다르고요. 여러분은 어떤 버전이 가장 마음에 드시나요? 빵 위에 올라가는 크럼블이나 다른 재료와의 페어링도 심사숙고한다고 하니, 폴란드에서는 여기저기 맛있는 야고지안카만 찾아다녀도 금방 여름이 지나갈 것 같습니다.

블루베리를 빵 안에 한가득 넣는 법

야고지안카는 크게 빵 반죽, 블루베리 필링, 그리고 위에 얹는 크럼블 세 가지로 구성됩니다. 우유, 버터, 달걀을 넣어 반죽한 부드러운 빵 반죽 안에 블루베리 필링을 듬뿍 담고, 위에 크럼블을 얹어 굽는 것이 가장 기본적인 야고지안카 만드는 법이에요.

야고지안카에서 가장 중요한 건 블루베리를 가득 담는 거예요. 그렇지만 그냥 블루베리를 떠 넣는 것으로는 많은 양의 블루베리를 담기 어렵습니다. 그럴 땐 폴란드에서 만들듯이, 반죽을 오목한 그릇에 펼쳐 블루베리를 담아보세요. 처음 이렇게 만드는 걸 보고서는 신기하다고 생각했는데, 실제로 시도해보니 훨씬 편리했어요. 얇게 민 반죽을 비슷한 크기의 오목한 그릇에 펼치고, 가운데에 블루베리를 가득 담습니다. 그리고 반죽을 여며 꼼꼼하게 닫아주면 블루베리 필링을 가득 담을 수 있어요. 이때 반죽을 꼼꼼하게 여며야 맛있는 야고지안카가 만들어집니다. 반죽을 대충 여미면 구우면서 블루베리가 새어나올 수 있으니, 반죽을 제대로 잘 붙여서 닫아주세요!

Recipe

재료(6개 분량)

/반죽
강력분 200g, 설탕 20g,
소금 한 꼬집, 인스턴트
드라이이스트 3g, 우유
80g, 달걀 1개(약 50g), 녹인
무염버터 30g, 바닐라
익스트랙트 조금

/필링
생 블루베리 250g, 설탕
20g, 전분(감자나 옥수수) 10g

/크럼블
박력분 60g, 설탕 30g,
차가운 무염버터 30g

만드는 법

1. 볼에 반죽 재료를 모두 넣어 매끈하게 반죽한다.

2. 따뜻한 곳에서 두 배로 발효시킨다(약 1시간).

3. 크럼블 재료를 모두 섞어 냉장고에 둔다.

4. 발효된 반죽을 6개로 분할하고, 가볍게 둥글려
   10분간 휴지시킨다.

5. 블루베리는 잘 씻어서 준비하고, 필링 재료를 모두
   넣고 섞는다.

6. 반죽을 밀어 펼친 다음 필링을 넣고 모양을 만든 뒤,
   오븐 팬에 두고 1.5배로 발효시킨다(약 30분).

7. 달걀물을 바르고 크럼블을 얹어 180도로 예열한
   오븐에서 15~20분간 굽는다.

☁ Tip

- 냉동이 아닌 생블루베리로 만들어 보세요. 야생 블루베리를 사용해도 좋아요.
- 마무리로 레몬 아이싱을 더해도 맛있어요.
- 크럼블을 올릴 때 손으로 살짝 눌러주면 잘 붙어요.

are tomorrow's
moments
Today's special

드로쥬브카

Drożdżówka

이름이 어려운 폴란드의 달콤한 발효 빵

폴란드의 어느 베이커리를 가더라도 쉽게 볼 수 있는 빵, 바로 드로쥬브카입니다. 이스트를 넣어 발효시킨 달콤한 빵에 다양한 재료를 더한 간식용 빵인데, 형태나 구성도 매우 다양하고 지칭하는 범위가 꽤 넓습니다. 우리나라 제빵 단어로 생각한다면 '단과자 빵' 정도일 거예요. 실제로 이 단어를 발음하면 '드로(슈)쥬브카'에 가까운데, 처음 폴란드어를 배울 때 이 발음이 너무 어려워서 외우는데 한참 걸렸습니다.

드로쥬브카는 폴란드어로 '효모*Drożdże*'에서 비롯된 단어입니다. 다시 말해, 드로쥬브카는 단어 자체만 보면 '이스트(효모)를 넣어 만든 빵'이라는 뜻인 것이죠. '모든 빵은 이스트를 넣어서 만들지 않나? 왜 이것만 이스트를 넣었다고 하지?'라는 생각이 들지도 모르겠어요. 하지만 상업용 이스트가 개발된 역사를 살펴보면 곧 고개를 끄덕이게 될 겁니다.

상업용 이스트의 역사

오늘날 우리가 흔하게 사용하는 상업용 이스트의 역사는 그리 길지 않아요. 19세기 후반 이전까지 대부분의 나라에서는 빵을 사워도우로 만들어 왔습니다. 물론 맥주 부산물이나 곡물 등에서 얻은 효모 등으로 빵을 만들기도 했지만, 보

편적인 방법은 아니었어요. 상업용 이스트는 19세기 후반부터
본격적으로 개발되어, 최초의 효모 공장이 프랑스에 문을 열면
서 대중화되기 시작했습니다.[14] 상업용 이스트의 대중화가 불
러온 변화는 가히 충격적이었다고 해요. 작업 시간이 훨씬 단축되는 것은 물론,
사람들이 사워도우의 신맛이 없는 빵을 난생처음 맛보게 된 거예요!

상업용 이스트를 사용해 부드러운 맛을 낸 빵은 그 당시 사람들에게 신선한
충격이었고, 곧 고급 빵으로 여겨지기 시작합니다. 심지어 귀족들이 즐겨 먹었다
고도 알려지죠. 또 프랑스에서도 '빵 오 르방*Pain au levain*'처럼 사워도우를 사용
해 만들던 전통 빵들은 점차 대중의 관심에서 멀어지고, 가볍고 담백한 바게트와
같은 빵들이 새로운 주인공이 되었다고 해요.[15] 이것만 봐도 '신맛 없는 빵'이 그
시대 사람들에게는 얼마나 충격적이었을지 대략 짐작이 가죠?

심지어 상업용 이스트는 이전에 사용하던 사워도우보다 발효력이 훨씬 좋고,
또 안정적이어서 설탕이나 버터 등이 다량으로 들어간 반죽에도 잘 어울렸습니
다. 그 결과 산미가 있던 기존의 빵들과는 전혀 다른 부드럽고 달콤한, 새로운 종
류의 빵들이 등장하게 된 것이죠. 이런 역사적인 흐름을 떠올려보면 드로쥬브카,
즉 '이스트로 만든 빵'이라는 이름이 단순히 '이스트를 넣었다'라는 뜻이 아니라
당시로서는 산미가 없는, 달고 부드러운 새로운 스타일의 빵을 의미했을 가능성
도 충분히 짐작할 수 있습니다.

드로쥬브카의 종류

폴란드에서 드로쥬브카는 대부분 달콤한 반죽을 사용해 작은 크기로 만든 빵
을 가리킵니다. 보통 들어간 재료는 드로쥬브카 뒤에 붙은 이름으로 알 수 있어
요. 딸기가 들어간 건 딸기 드로쥬브카*Drożdżówki z truskawkami*, 크림치즈가 들
어간 건 치즈 드로쥬브카*Drożdżówki z serem* 등 다양한 재료를 사용할 수 있습니

다. 그중 폴란드에서 가장 기본으로 여겨지는 드로쥬브카 재료를 소개합니다.

· 딸기, 라즈베리, 블루베리, 자두, 사과 등 다양한 과일
· 크림치즈, 커스터드 크림*budyń*, 코티지 치즈*twaróg*
· 양귀비 씨앗, 루바브, 시나몬, 크럼블 등

보통은 둥근 모양의 빵 가운데에 재료를 얹어서 굽고, 크럼블이나 혼당 등으로 장식하는 경우가 많아요. 양귀비 씨앗이나 시나몬 등은 시나몬롤처럼 반죽 안에 페이스트 형태로 발라서 채우고, 반죽을 돌돌 말아서 잘라 굽기도 합니다.

드로쥬브카와 이스트의 향

처음 먹은 드로쥬브카는 학교 앞 길가의 작은 베이커리에서 만든 것이었어요. 한국에서 잘 느껴보지 못했던 이스트 향이 강하게 나 당황했던 기억이 납니다. 그 이후에 먹은 것들도 한국 빵과는 다른 발효 향이 나서 신기했어요. 한국의 단과자 빵은 달달한 빵 맛은 나도 발효 향이나 이스트 냄새는 거의 나지 않게 만드는 편이니까요. 알고 보니 폴란드에서는 드로쥬브카를 만들 때 '로스친*Rozczyn*'이라는 사전 반죽을 즐겨 사용하기 때문에 발효의 향이 훨씬 강하다고 합니다.

로스친은 일종의 사전 반죽이에요. 생 이스트를 손으로 가볍게 부수어 넣고, 설탕을 넣고 묽어지도록 섞습니다. 그다음 밀가루와 30도 정도로 살짝 데운 우유를 넣어 잘 섞어요. 20~30분 정도 부풀도록 기다리면 완성이에요. 잘 부푼 상태의 로스친을 본 반죽에 넣어 드로쥬브카 반죽을 만듭니다.

생 이스트는 말 그대로 살아 있는 상태라 유통기한이 짧고, 냉장 보관 중에 효모의 활력이 떨어져 있는 경우도 많아 당분과 수분을 공급해 활성화시킨 다음

사용하는 편입니다. 또 버터나 설탕이 많이 들어가는 드로쥬브카 반죽에서는 이 스트가 느리게 발효되기 쉬운데, 로스친을 만들어 미리 힘을 더해주는 효과도 있습니다. 이렇게 하면 바로 반죽에 생 이스트를 부수어 넣는 것보다 안정적인 발효가 가능합니다. 게다가 로스친을 사용하면 짧은 시간이지만 발효가 일어난 상태라, 그 과정에서 생긴 향미 물질들 덕분에 좀 더 깊은 발효 향을 낼 수 있어요.

다만 이것도 시대가 변하면서 요즘은 예전만큼 강한 발효 향을 선호하지 않는 것 같아요. 폴란드에서도 생 이스트로 로스친을 만들어 사용하는 레시피보다 간편하게 드라이이스트를 사용해서 만드는 레시피도 많아졌습니다. 적은 양의 이스트로도 충분히 빵을 잘 부풀릴 수 있게 되어 예전만큼 많은 양의 이스트를 쓸 필요도 줄어들었죠. 저는 제 입맛에 맞는 버전으로 드로쥬브카 레시피를 조정해 봤습니다. 제게도 낯설었던 이스트 향은 거의 느껴지지 않을 테니, 걱정 말고 맛있게 만들어 보세요. 제가 소개하는 레시피는 가장 기본의, 크림치즈가 들어가는 드로쥬브카입니다. 딸기와 크럼블도 없고요. 폴란드어로 말씀드릴까요? Drożdżówki z serem, truskawkami i kruszonką(드로쥬브키 즈 세렘, 트루스카브카미 이 크루숀콩).

Recipe

<table>
<tr><td>

재료(6개 분량)

/빵 반죽

강력분 250g, 설탕 20g,
인스턴트 드라이이스트 4g,
소금 한 꼬집, 우유 120g,
달걀 1개(약 50g), 실온 상태의
무염버터 30g

/크럼블

실온 상태의 무염버터 25g,
박력분 50g, 슈거 파우더
15g(혹은 설탕 20g)

/크림치즈 필링

실온 상태의 크림치즈 200g,
실온 상태의 무염버터 15g,
슈거 파우더 10g(혹은 설탕
20g)

/기타

토핑용 과일, 마무리용
달걀물 적당량

</td><td>

만드는 법

1. 볼에 모든 반죽 재료를 넣어 매끈해지도록 반죽하고,
   두 배로 발효시킨다(약 1시간).

2. 반죽을 6개로 나눠 둥글리고(개당 약 75~78g), 마르지
   않게 덮어 15~20분간 휴지시킨다.

3. 크럼블 재료를 손으로 부슬부슬하게 섞어두고,
   사용하기 전까지 냉동실에 넣어둔다.

4. 크림치즈 필링을 모두 잘 섞어 준비한다.

5. 오븐 팬에 휴지를 마친 반죽을 올리고, 아랫면이
   평평한 컵으로 가운데를 누른다. 평평한 컵이 없다면
   손으로 누른다.

6. 눌러서 평평해진 자리에 필링을 얹고, 취향에
   따라 과일을 얹는다. 마르지 않게 덮어 30분간
   휴지시킨다.

7. 반죽 가장자리에 달걀물을 얇게 바르고, 만들어 둔
   크럼블을 골고루 뿌린다.

8. 180도에서 15~20분간 노릇노릇하게 굽는다.

</td></tr>
</table>

- 고당용 인스턴트 드라이이스트를 사용하면 발효가 더 잘돼요.

- 토핑용 과일은 제철 과일을 사용하면 더욱 예쁘고 맛있어요. 딸기, 블루베리, 라즈베리, 체리, 자두, 살구 등 다양하게 사용해 보세요.

- 달콤한 맛을 더하고 싶다면 아이싱으로 마무리해도 좋아요.

- 너무 오래 구우면 부드러운 식감이 줄어들 수 있으니 색이 날 정도만 구워주세요.

경주식 팥빵

터질 듯한 팥소를 가득 품은 과자

경주빵, 황남빵 등으로 더 익숙할 경주식 팥빵은 얇디얇은 피 안에 아슬아슬하게 터질 듯 가득 찬 팥소가 인상 깊은 빵입니다. 무려 1939년부터 만들어진 오래된 빵이기도 하죠. 황남빵의 창업주인 최영화 옹이 처음 이 형태의 팥빵을 만들었어요. '황남빵'이라는 이름은 일제강점기 이후 경주 황남동에서 이 빵을 팔기 시작하면서 붙였다고 알려져 있습니다. 황남빵은 경주시 지정 전통음식 및 경북지정 명품으로 지정될 만큼 경주를 대표하는 빵이랍니다.

제게는 경주식 팥빵이 아주 특별한 기억으로 남아 있습니다. 팥을 정말 좋아하는 아버지께서 경주에 들를 일이 있으면 항상 사오시던 빵이거든요. 팥빵을 좋아하지 않는 어머니도 경주식 팥빵만큼은 촉촉하고 부드러워 좋아하셨죠. 저 역시 그들의 딸답게 팥을 아주 좋아하던 어린이였기에 초등학생 시절 경주로 수학여행이나 체험학습을 가면 항상 경주식 팥빵을 사왔습니다.

시간이 지나 어른이 되어 빵을 만들게 되면서, 어릴 때 그저 '경주'하면 떠오르던 평범한 팥빵이 달리 보이기 시작했습니다. 늘 세상의 다양한 빵을 찾아 탐험하면서 '우리나라에만 있는 독특한 빵은 뭘까?'라는 질문이 떠올랐죠. 이윽고 이 경주식 팥빵이 떠올랐습니다. 똑같이 만들고 싶어서 다양한 레시피로 도전했지만, 쉬이 경주식 팥빵과 비슷하게 만들 수 없었어요. 몇 번이나 실패를 거듭하면서, 더욱 강해진 탐험심으로 비법을 찾아 나섰습니다. (사실 빵이라고 표현하지만,

발효를 거치지 않고 설탕의 함량이 높아 빵보다는 과자에 가까워요. 다만 붕어
빵처럼 이미 이름이 굳어져 있어, 이 책에서도 빵이라는 표현을 사용합니다.)

경주식 팥빵, 원조 레시피 탐험기

경주식 팥빵의 가장 큰 특징은 팥소라고 생각할지도 모르겠습니다. 전체 과자
에서 팥소가 차지하는 비율이 높은 편이고, 직관적인 팥 맛이 느껴지는 빵이기
때문이죠. 하지만 제가 느끼는 경주식 팥빵의 독창성은 얇으면서도 탄력 있는,
다량의 팥소를 감싸고 있는 촉촉한 '빵 피'입니다.

처음 인터넷을 검색하며 찾은 경주식 팥빵 레시피들은 모두 '만주'와 비슷한
식감으로, 단단하고 부서지는 형태의 빵 피를 가진 레시피였습니다. 아
무리 팥소가 맛있어도, 제게 이건 경주식 팥빵이 아닌 팥 만주였죠.
그래서 본격적으로 진짜 경주식 팥빵의 레시피를 찾기 시작했습니
다. 마침 당시 잠실에 황남빵 직영점이 있어, 수시로 들러 작업대에
서 황남빵 빚으시는 모습, 굽는 온도, 사용하는 도구, 만드는 공정 등을 마치 스
파이처럼 조사했습니다.

먼저 '황남빵' 상자에 원재료가 표기되어 있어, 인터넷의 레시피들과 비교하
며 어떤 재료들이 주로 사용되는지 파악했습니다. 이후에 인터넷에서 찾을 수 있
는 이 경주식 팥빵에 관한 모든 자료를 샅샅이 뒤졌어요. 그러다 2006년 발행된
영남일보의 한 기사에서 아주 큰 힌트를 발견합니다.[16] 바로 재료를 넣는 순서와
달걀, 밀가루, 설탕의 비율이었습니다. 특히 그 기사에서 저의 눈이 커진 것은 바
로 이 한 문장이었습니다. "최영화 씨는 85년 월간지 〈샘이 깊은 물〉을
통해 황남빵에 대한 모든 정보를 공개했다."

"모든 정보?!" 원조 레시피를 찾고 싶어 안달이 난 제겐 마치 보물섬의 지도를
찾은 것과 같은 기쁨으로 다가왔습니다. 다만 85년 몇 월 호인지까지는 신문 기

사에서 알려주지 않아, 검색과 검색과 검색을 통해 85년 2월호라는 사실까지 알아냈습니다. 마침 〈샘이 깊은 물〉이라는 잡지를 저희 어머니께서 구독하셨던 사실이 떠올라 여쭤보니 아쉽게도 85년 책은 없다고 하시더군요. 중고 서적도 며칠이나 검색해 봤지만 도저히 찾을 수 없었습니다.

결국 우리나라의 모든 출간물이 등록된 국립중앙도서관에까지 방문했습니다. 집에서 일부 페이지 사본 신청도 가능했지만, 잡지를 직접 읽어보고 싶었기에 국립중앙도서관에 가서 드디어 〈샘이 깊은 물〉 85년 2월호를 손에 넣었죠. 그러나 기사에서 말했던 '모든 정보'에 레시피는 없었던 것이었습니다…. 그렇지만 최영화 옹께서 살아생전 인터뷰했던 내용을 읽어보면서 그가 얼마나 진심으로 이 빵을 만들었는가를 알게 되었고, 이 빵이 지닌 가치가 더욱 크게 와닿았습니다. 돈을 벌겠다고 도매 납품을 하지 않고, 품질을 지킬 수 있는 선에서 소매 판매만 하는 것, 공장에서 생산하는 것이 아니라 팥소부터 피까지 모든 것을 수제로 생산하는 것, 빵이 얼마나 팔렸는지보다 '변함없는 황남빵'을 만드는 일에 매달렸다는 것 등등 이 작은 빵 하나가 장인의 신념이 담긴 빵이라는 것을 알게 되어 기쁜 시간이었습니다. 한국에도 이렇게 멋진 빵이 있다는 사실을 알리고 싶은 마음에 벅차서, 집으로 돌아와 더욱 눈을 부릅뜨고 경주식 팥빵 만드는 법을 찾고 찾았습니다.

경주식 팥빵의 비법

경주식 팥빵의 피는 반죽을 중탕기에서 강하게 저어가며 찰기를 만들어 사용합니다. 끈적이고 흐르는 상태의 반죽을 바로 작업대에 옮겨 나무칼로 작게 자르고, 손으로 펼쳐가며 그 안에 팥소를 가득 넣습니다. 그리고 빗살무늬 도장으로 가운데를 누르고, 달걀물을 발라 고온에서 빠르고 짧게 구워내죠.

여러 번 만들어보니, 반죽을 중탕으로 젓는 이유는 상당히 높은 비율의 설탕을 충분히 녹이기 위함으로 유추합니다. 또한 고온에서 짧게 구워내는 것도 촉촉함을 유지하기 위함으로 보여요. 잠실에서 확인했던 높은 온도로 설정된 오븐과, 가게에서는 과거에 특수 제작한 가스 오븐에서 구웠다는 사실 등을 통해 위아래가 빠르게 익고, 색이 날 수 있는 '좁고 온도가 높은 오븐'이 촉촉하고 노릇하게 굽기 유리하다는 점을 알게 되었습니다.

거기에 더해 이전에 읽었던 최영화 옹의 인터뷰 내용을 보면, 경주식 팥빵의 70%를 차지하는 팥앙금은 경주산 팥을 불리고, 삶고, 체에 앙금을 내려 3시간 동안 달이면서 쉴 새 없이 휘저어야 완성된다고 합니다. 이렇게 만든 경주식 팥빵은 갓 구웠을 때는 바삭하지만, 시간이 지나면 빵 피가 팥의 수분을 머금으면서 촉촉해지고 팥소와 하나로 어우러집니다. 게다가 높은 설탕 함유량 덕분에 별도의 방부제 없이도 비교적 보관이 용이해요. 이 빵 하나에 이렇게 많은 비법이 숨어 있었습니다.

이렇게 서술하니 별것 없어 보이시겠지만, 이 비법을 알아내는 데 정말 오랜 시간과 노력을 들였답니다. 여러분께는 제가 찾아낸 비법들을 토대로, 가정에서 만들기 쉬운 방법의 레시피를 알려드릴게요.

Recipe

재료(20~25개 분량)

중력분 100g, 백설탕 60g, 달걀(전란) 22g, 식용 베이킹소다 1.5g, 물 20g, 고운 팥앙금 최소 600g(개당 약 30g), 달걀물 적당량

만드는 법

1. 볼에 물, 베이킹소다를 넣고 골고루 잘 섞은 뒤 설탕, 달걀, 밀가루를 넣어 섞는다.

2. 따뜻한 물에 중탕으로 볼을 올려 주걱으로 살살 섞으며 설탕을 녹인다.

3. 냉장고에서 30분 이상 휴지한다(생략 가능).

4. 덧가루를 충분히 뿌린 작업대로 반죽을 올린다. 반죽은 굉장히 질척이고 늘어지는 상태이다.

5. 반죽에 덧가루를 묻혀 스크래퍼나 칼로 10g씩 분할한다.

6. 분할한 반죽을 손바닥으로 눌러 펼치고, 고운 앙금 30g을 넣어가며 감싼다.

7. 오븐 팬에 올려 붓으로 여분의 덧가루를 털어낸다.

8. 모양 깍지나 떡 도장 등에 물을 묻혀 반죽 가운데를 찍는다.

9. 달걀물을 골고루 얇게 바르고 230도 이상으로 충분히 예열한 오븐에서 5분간 굽는다. (열선 오븐이라면 윗단에서 3~4분 윗면을 빠르게 먼저 익힌 다음, 아랫단으로 팬을 옮겨 1~2분간 마저 굽는다.)

10. 충분히 식은 빵은 비닐, 지퍼백에 담아 보관하면 다음 날 훨씬 촉촉해진다.

- 직접 앙금을 만들기 어렵다면 시판 고운 앙금을 사용해도 좋아요.

- 앙금을 싸면서 성형하는 방법이 어렵다면 미리 앙금을 1개씩 둥글려두면 편리해요.

- 달걀물을 생략하면 색이 예쁘게 나오지 않으니 꼭 사용해 주세요.

- 경주식 팥빵의 도장 대신 가정에서는 모양 깍지를 사용할 수 있어요.

13세기 빵

한국에만 있는 의문스럽고 맛있는 옛날 빵

13세기 빵은 옛날 빵집에서 종종 볼 수 있는 크고 귀여운 모양의 빵입니다. 여러 개의 작고 둥근 반죽을 하나로 이어 붙이고, 그 위에 크림이나 소보로를 올려 굽죠. 반을 갈라 크림이나 잼을 더하는 경우도 있습니다.

여러분은 이 빵을 본 적 있으신가요? 저는 몇 년 전까지만 해도 이 빵의 존재를 알지 못했어요. 그러던 어느 날 마트 한쪽에 있는 베이커리에서 '13세기 크림빵'이라는 것을 발견했습니다. 보자마자 '13세기 레시피라고? 말도 안돼'라고 생각하며 웃고 지나쳤는데, 마트에서 장을 보는 내내 떠오르는 겁니다. '왜 13세기일까? 어째서 이름이 13세기인거지?' 결국 나오는 길에 그 빵을 사고, 집에 돌아와 이 빵의 이름을 검색해 봤어요.

알고 보니 여기서만 파는 빵이 아니라 옛날 빵집에서 종종 파는 빵이었습니다. 그것도 13세기뿐만 아니라 6세기, 8세기, 10세기 등… 앞에 붙는 숫자도 제각각이었습니다. 13세기 빵의 '세기'가 시대*Century*를 뜻하는 세기인 줄 알았더니, 빵에 쓰인 반죽 개수를 나타내는 단위로 쓰이고 있었죠. 어째서 '세기'라는 단어를 반죽 개수의 단위로 사용하고 있는 걸까요? 혹시라도 정확한 유래를 아시는 분이 계시다면 부디 제 SNS로 제보해 주시기 바랍니다. 아래는 제가 이 빵의 이름의 유래를 유추하기 위해 머리를 쥐어뜯으며 찾아낸, 하지만 너무 재밌었던 13세기 빵 탐험기입니다.

신기한 이름의 유래를 찾아서 ① 13세기에 만들어진 빵?

이 빵을 열심히 검색하다 보니, 13세기 빵을 '13th Century'로 표시하는 곳이 더러 있었습니다. 그렇다면 이 빵은 정말 13세기의 빵일까요? 하지만 아무리 찾아봐도, 13세기에 이런 빵을 먹었다는 기록은 찾을 수 없었습니다. 도대체 13세기에 무슨 일이 일어났기에 13세기 빵이 되었을까요?

검색에 검색을 거듭하다 13세기*Century* 설을 뒷받침하는 근거를 발견했습니다. 13세기에 베이커스 더즌*Baker's dozen*이라는 관행이 생기면서, 13개의 빵이 시대를 뜻하는 13세기로 불리게 되었다는 설인데요. 실제로 13세기에 영국에서 제정된 관련 법이 있습니다. 바로 헨리 3세 시대의 빵 규제*Assize of Bread and Ale*입니다. 이 법률에서는 제빵사가 빵의 정량을 속이거나, 지키지 않은 경우 중형에 처할 수 있다는 내용을 담고 있습니다. 실수로 법에서 정한 기준보다 가벼운 무게의 빵을 팔더라도 처벌을 받을 수 있었죠. 이 법 때문에 손님이 더즌*Dozen*, 즉 12개의 빵을 달라고 해도 혹시 모를 사태에 대비해 하나씩을 더 넣어 13개의 빵을 주는 관행이 생겼다고 합니다. 이것이 베이커스 더즌의 탄생입니다. 흔히 더즌(다스)이라는 단위는 12개를 뜻하지만, 베이커스 더즌은 12개가 아닌 13개를 뜻하게 된 이유가 바로 이것이죠.

그렇다면 우리나라의 13세기 빵은 베이커스 더즌에서 비롯한 정말 13세기와 관련 있는 빵일까요? 그 주장에는 몇 가지 의문이 따릅니다.

· 우리나라의 13세기 빵은 작은 빵 반죽을 13개를 붙여서 구운, 결국은 한 개의 빵인데, 낱개의 빵 13개를 뜻하는 베이커스 더즌과 같은 기준이라고 할 수 있는가?

· 베이커스 더즌이 13세기에 만들어져서 13세기 빵이라는 이름이 붙었다면, 항상 '13세기'로만 사용되어야 하는데 어째서 반죽 개수에 따라 8세기, 10세기 등으로 바뀔 수 있는가?

· '세기Century'를 갑자기 개수의 단위로 사용할 수 있는 자연스러운 맥락이 있는가?

· 국내 제빵 산업은 일본의 영향을 많이 받은 편인데, 갑자기 이 품목만 영국에서 유래할 수 있었을까? 일본에서는 13세기Century 빵이나, 베이커스 더즌과 관련된 빵도 없다. 물론 일본에서도 여러 덩어리의 반죽을 붙여 구운 뒤 떼어먹는 빵을 '치기리 빵ちぎりパン'이라고 부르긴 하지만, 이 이름이나 빵은 '세기'나 '13세기'와 어떤 관련도 없다.

이 내용을 토대로 생각해보면, 13세기의 세기는 시대를 의미하는 단어가 아닐 가능성이 매우 높습니다.

신기한 이름의 유래를 찾아서 ② 13개의 반죽이 있는 빵?

이 빵의 정말 특이한 점은 '세기'라는 단어가 단위처럼 쓰인다는 점이에요. 13세기뿐만 아니라, N세기로 변형되어 다양한 반죽 개수를 나타내는 단위로 사용되고 있습니다. 게다가 검색으로 찾아낸 많은 글에서 '세기란 반죽의 개수를 뜻하는 말이다'라고 소개합니다. 그 누구도 정확한 근원을 알려주진 않지만요. 그렇다면 이 '세기'라는 것이 어떤 단위를 나타내는 단어일 가능성은 없을까요?

옛날 빵집의 빵 이름들을 가만히 들여다보면 일본어가 보이는 이름들이 꽤 있습니다. 밤앙금으로 만든 상투 과자의 옛 이름은 '구리볼'로, 일본어 '栗ボール[쿠리보-루]'와 유사합니다. '휘난새'는 휘낭시에의 일본어 표기 'フィナンシェ[휘난세]'에서 온 것 같죠? 도넛 말고 옛날 '도나스'라는 말도 Donut의 일본식 표기인 'ドーナツ[도-나쓰]'와 비슷하고요. 물론 '소보로(일본어 そぼろ[소보로])', '찹쌀 모찌(일본어 もち[모찌])' 같은 표현도 있고요.

　왜 이런 이야기를 꺼냈냐면, '13세기 빵의 '세기'가 혹시 일본어 표현에서 비롯된 건 아닐까?'라는 생각도 들었기 때문입니다. 혹시 위에서 말했던 '치기리 빵'이 잘못 구전되어 '세기'로 알려지게 된 건 아닐까요? 하지만 일본의 치기리 빵은 여러 개의 작고 둥근 빵 반죽을 붙여서 굽는 빵을 대체로 통칭하는 단어이고, 13세기 빵처럼 고유한 형태의 빵을 뜻하진 않습니다. 국내의 13세기나 N세기 빵들은 대부분 위에 소보로 등의 토핑을 얹고, 안에 크림이나 잼이 샌드된 경우가 많거든요. 일본의 치기리 빵은 대부분 한국식 모닝빵을 여러 개 붙여둔 것에 더 가까워요.

　이것도 아니라면 '세기'라고 읽힐 수 있는 일본어 단어가 있을까 싶어 세키, 세이키, 세이키이, 세케, 세이케 등등 '세기'로 표현할 수 있는 일본어 단어를 모두 찾아 보았습니다. 그러다 가장 연관이 있어 보이는 단어를 찾았어요. 바로 빵 모양을 만든다는 뜻의 '성형成形'이었습니다. 성형은 일본어로 '세-케-せいけい'라고 읽습니다. 혹시 이 '성형'이라는 일본어 '세-케-'가 '세기'로 변형된 것은 아닐까요? 이게 맞다면 13세기에서 '세기'가 13번 성형한다는 뜻이 될 수 있습니다. 그럼 8세기는 '8번 성형한다', 15세기는 '15번 성형한다'라는 의미일 수 있겠죠.

'성형'이라는 단어는 반죽을 둥글리고, 빵 모양을 만들 때 흔히 사용되는 단어이기에 만약 이 13세기의 세기가 어떤 단위를 나타내는 단어였다면, 아마도 '성형'이 아닐까 생각해 봅니다.

신기한 이름의 유래를 찾아서 ③ 반죽 13개를 세어 만드는 빵?

저의 13세기 빵 이름에 관한 마지막 가설은 이 '세기'가 우리말에서 수를 셀 때 사용하는 '세다'라는 단어에서 비롯되었다는 것입니다. 예를 들어 13세기 빵은 '반죽 13개를 세어 만드는 빵', 8세기 빵은 '반죽 8개를 세어 만드는 빵' 같은 거죠. 그럴싸하긴 하지만 우리말에서 '세기'를 단위로 사용하는 경우는 거의 없기에 분명 어색하긴 합니다. 국립국어원의 표준국어대사전에 따르면 '세기'가 '수를 세는 일'을 뜻하는 명사로 쓰이기는 하지만, 하나를 센다고 1세기, 둘을 센다고 2세기라고 표현하는 일은 거의 없기 때문입니다.

그러나 맘모스 빵이나 갈비 빵처럼 출처는 모호하지만 한국에서만 붙여진 빵의 이름들도 얼마든지 있기 때문에 '세기 빵'의 가능성도 고민해 볼 수 있습니다. 이런 모양과 이런 재료를 사용해 이런 조합으로 만든 빵은 일본을 비롯해 다른 나라에서도 찾아보기 힘들기 때문이에요. 13세기*Century*도, 13세기(성형의 일본어 음독)도 아닌, 그냥 우리나라에서 반죽 개수를 세어 만든 13세기(수 세기) 빵일 수도 있는 거죠.

많고 많은 이름 중에서 숫자를 세어 만드는 빵으로 이름이 붙여진 이유는 무엇일까요? 그날그날 남은 식빵 반죽을 작게 둥글려 여러 개 만들고, 몇 개 붙여서 구우니 크기도 큼직해 보기도 좋고, 그러다 보니 반죽 몇 개 붙였는지 세는 게 중요해졌을까요? 어쩌다 이 빵에만 평소에 잘 사용하지 않는 '세기'라는 단어를 단위로 사용하게 된 걸까요? 정말 궁금합니다.

이름은 이렇게 심각하게 고민했지만, 아주 즐겁고 기분 좋은 맛의 빵이에요. 가게마다 반죽 개수나 안에 사용하는 재료도 조금씩 다르고요. '세기 빵'이라는 이름 대신 그냥 '크림빵'으로 파는 곳도 많이 봤어요. 큼직하고 동글동글한 모양도 귀엽고, 맛도 좋은 13세기 빵. 세련된 모양과 맛이 아니다 보니 점점 파는 곳은 줄어들고 있지만, 누구나 좋아할 다정하고 맛있는 한국만의 빵입니다.

Recipe

<table>
<tr><td valign="top" width="40%">

재료

/반죽

강력분 200g, 설탕 20g,
소금 한 꼬집, 인스턴트
드라이이스트 4g, 달걀 1개(약
50g), 녹인 무염버터 20g,
우유 30g, 물 약 30g

/커스터드 크림

노른자 1개, 우유 80g, 설탕
20g, 박력분 6g, 바닐라
익스트랙트 조금

/소보로

박력분 60g, 설탕 30g,
차가운 무염버터 30g

</td><td valign="top">

만드는 법

1. 볼에 반죽 재료를 모두 넣어 매끈하게 반죽한다.

2. 반죽을 둥글리고, 마르지 않게 덮어 두 배로
   발효시킨다(약 1시간).

3. 반죽을 약 30g씩 총 13개로 분할 후 가볍게
   둥글린다. 팬에 올려 모양을 만들고, 두 배로
   발효시킨다(약 1시간).

4. 전자레인지 사용이 가능한 볼에 커스터드 크림
   재료를 모두 넣어 섞고, 전자레인지에 1~2분씩
   끊어서 데우며 거품기로 잘 섞는다. 원하는 농도가
   되면 랩을 덮어 식힌다.

5. 소보로 재료를 모두 볼에 넣어 손으로 부슬부슬하게
   섞어둔다.

6. 반죽이 부풀면 우유나 달걀물을 골고루 바르고,
   짤주머니에 담은 커스터드 크림을 반죽 위쪽으로
   짠다. 그 위로 소보로도 골고루 뿌린다.

7. 200도로 예열한 오븐에 넣고, 180도에서 15분간
   굽는다.

</td></tr>
</table>

Tarte Tropezienne

휴양지가 떠오르는 달콤하고 부드러운 빵

프랑스 남부의 작은 항구 도시인 생 트로페*St. Tropez*를 대표하는 디저트, 타르트 트로페지엔. 타르트라고 하면 바삭한 타르트지에 크림과 갖은 재료를 넣어 만든 디저트가 떠오르겠지만, 타르트 트로페지엔은 부드럽고 폭신한 브리오슈 사이에 크림을 샌드한 '빵'이에요. 그래서 우리에게 익숙한 케이크나 바삭한 타르트와는 많이 다릅니다. 빵이지만 디저트처럼 크림이 많이 들어가고, 빵이지만 따뜻하게 먹지 않고(가운데의 크림이 다 녹아버리니까!), 차갑게 먹어야 하는 재밌는 빵입니다.

타르트 트로페지엔은 1955년, 생 트로페 지역에 정착한 폴란드 출신 페이스트리 셰프 알렉상드르 미카*Alexandre Micka*가 할머니의 레시피로부터 영감을 얻어 만들었다고 알려져 있어요. 해변이 가까운 생 트로페 지역에서는 전통적으로 버터보다는 올리브 오일을 사용한 빵들이 더 흔했을 거예요. 그럼에도 버터와 크림이 듬뿍 들어간 타르트 트로페지엔이 생 트로페를 대표하게 된 것은 알렉상드르 미카가 폴란드 출신이기 때문일 것으로 유추합니다. 생 트로페보다 훨씬 추운 기후의 폴란드에서는 버터나 크림을 쓰는 빵과 디저트가 비교적 흔했기 때문에, 그에게는 익숙하고 자연스러운 선택이었을 것 같습니다.

어느 날, 큰 빵을 만들어보고 싶어서 검색하다 처음 타르트 트로페지엔을 발견하게 되었습니다. 만들어보니 꽤 익숙한 조합인데도 한국에선 많이 알려지지 않은 빵이더라고요. 이 빵을 파는 곳도 보기 어렵고, 아는 분도 많이 없어서 어떻게 재미있게 소개할까 하다가, '대왕 크림빵'이라는 이름을 붙여 소개하기도 했습니다. 물론 크림빵으로만 이름을 붙이기엔 아까울 정도로 고급스러운 빵이지만, 어려운 이름에 비해 익숙하고 즐거운 맛이라는 걸 알려드리고 싶어요.

타르트 트로페지엔의 탄생

원래 생 트로페는 작은 어촌 마을이었습니다. 19세기 말부터 폴 시냐크*Paul Signac*, 앙리 마티스*Henri Matisse*, 피에르 보나르*Pierre Bonnard* 등의 유명한 예술가들이 찾는 곳이긴 했지만 관광지로 대중적이진 않았죠. 하지만 1956년, 생 트로페 배경의 프랑스 영화 〈그리고 신은 여자를 창조했다*Et Dieu... créa la femme*〉가 국제적으로 큰 화제를 모으면서 생 트로페가 세계에 널리 알려지기 시작했습니다.

왜 갑자기 생 트로페와 영화 이야기를 꺼내냐고요? 바로 이 영화의 주인공을 맡은 배우 브리짓 바르도*Brigitte Bardot*가 오늘 소개하는 타르트 트로페지엔의 이름을 지어준 사람이기 때문입니다. 생 트로페에 촬영 온 제작진을 맞이해 대접했던 이 빵을 너무나 사랑하게 된 브리짓 바르도가 '타르트 트로페지엔'으로 이름을 짓자고 제안했다고 알려집니다. 영화의 흥행과 함께 생 트로페라는 지역은 물론, 그녀가 사랑했던 타르트 트로페지엔도 유명세를 얻게 되었죠.

이러한 성공에 힘입어 1973년, 알렉상드르 미카는 타르트 트로페지엔의 브랜드 상표*La Tarte Tropézienne*와 레시피를 등록합니다. 이후 현재까지 프랑스 남부 지역에 20개 이상의 매장을 운영하고 있다고 해요. 프랑스 남부 해변을 방문할 계획이라면, 타르트 트로페지엔을 꼭 먹어보세요.

타르트 트로페지엔 만드는 법

타르트 트로페지엔은 크게 세 가지로 구성됩니다. 바로 브리오슈, 크림, 그리고 우박 설탕이에요. 먼저 버터와 달걀을 듬뿍 넣어 높이가 낮은 원형의 브리오슈를 만듭니다. 브리오슈 위에 바삭한 우박 설탕을 듬뿍 뿌려서 구워요. 그다음, 한 김 식은 브리오슈를 반으로 갈라 오렌지 꽃물*Eau de fleur d'oranger*을 첨가한 시럽 등으로 촉촉하게 적셔줍니다. 그리고 반으로 가른 브리오슈 사이에 크림을 듬뿍 짜서 샌드하면 완성입니다.

오렌지 꽃물은 생 트로페가 위치한 프랑스 남부에서 자주 쓰이는 향료로, 향수뿐만 아니라 빵과 디저트로도 즐겨 쓰는 재료입니다. 브리오슈나 케이크, 커스터드나 시럽 등에 소량 첨가해 특유의 향을 내는 데 쓰이죠. 한국에서는 제과 전문 몰에서 구매할 수 있습니다. 반드시 써야 하는 재료는 아니지만, 향긋함을 더할 수 있어 사용하면 더욱 좋습니다.

타르트 트로페지엔에 들어가는 크림은 크렘 파티시에*Crème pâtissière*(커스터드라고도 불리는 우유, 달걀, 설탕 등으로 만든 크림)와 버터크림을 섞어서 사용하는 경우가 많습니다. 혹은 크렘 무슬린*Crème mousseline*(크렘 파티시에에 버터를 섞은 것)을 사용하기도 해요. 타르트 트로페지엔의 공식 홈페이지 설명에 따르면 '극비리에 제작되는' 두 가지 크림을 섬세하게 섞어서 사용한다고 하네요. 무슨 크림을 쓰는지는 정확하게 알려진 바 없습니다.

오리지널 타르트 트로페지엔은 큼지막한 브리오슈로 만들어서 여러 조각으로 잘라먹는 것이지만, 한 손에 들고 먹기 편한 크기로 만든 버전도 인기라고 합니다. 그것보다 더 작게, 슈처럼 작은 크기로 만든 베이비 트로페지엔도 있습니다. 가운데의 크림에 딸기나 라즈베리, 망통 레몬으로 만든 필링을 넣은 버전도 있고요. 이 외에도 프랄린*Praline*(아몬드나 헤이즐넛과 같은 견과류를 캐러멜화된 설탕으로 코팅한 것), 카라멜, 아몬드, 다양한 과일 등을 넣어 만들 수 있습니다.

브리오슈를 굽는 작업부터 크림을 따로 만들어 샌드하는 작업까지, 공정이 꽤 번거로운 것은 사실이지만 그만큼 맛있어서 또 생각이 나는 타르트 트로페지엔! 생 트로페의 아름다운 해변 앞에서 먹진 못해도, 집에서 달콤한 휴양지의 기분을 느껴보세요.

번거로운 것은 사실이지만 그만큼 맛있어서 또 생각이 나는 타르트 트로페지엔!

Recipe

재료

/반죽

강력분(혹은 T45)
250g, 설탕 30g, 우유
100~150g(밀가루에 따라
조절), 고당용 인스턴트
드라이이스트(골드) 5g, 달걀
2개, 소금 한 꼬집, 상온
무염버터 80g

/장식용 재료

달걀물, 우박 설탕 적당량,
슈거 파우더

/크렘 파티시에(커스터드)

A: 우유 250g, 바닐라빈
1/2개 긁어낸 것
B: 노른자 2개, 설탕 50g,
옥수수 전분 30g
그 외: 차가운 무염버터 30g,
휘핑크림 100g

/시럽

오렌지 페이스트 15g, 물 20g

만드는 법

1. 볼에 버터를 제외한 반죽 재료를 모두 넣어 반죽기로 저속으로 1분, 중속으로 5~7분 믹싱한다. 이후 부드러운 무염버터를 2~3번 나눠 넣으며 중속으로 2~3분 믹싱한다.

2. 반죽을 둥글려 두 배로 발효시킨다(약 1시간).

3. 발효가 끝난 반죽은 버터를 바른 원형 팬에 올려 평평하게 누른 뒤, 마르지 않게 덮어 따뜻한 곳에서 30분~1시간 발효한다.

4. 달걀물을 바르고 우박 설탕을 듬뿍 뿌린 다음 180도에서 20분간 굽는다. 틀에서 한 김 식힌 다음, 틀에서 분리해 충분히 식힌다.

5. 분량의 재료로 크렘 파티시에를 만들어 식혀둔다(13p 참고).

6. 크렘 파티시에가 식는 동안 휘핑크림을 휘핑한다.

7. 충분히 식은 크렘 파티시에에 휘핑크림을 잘 섞고, 짤주머니에 담는다.

8. 빵이 충분히 식으면 반을 가르고, 시럽의 재료를 잘 섞어 갈라둔 단면에 골고루 바른다.

9. 시럽이 어느 정도 흡수되고 나면 짤주머니에 담아둔 크림을 아래쪽 빵에 파이핑한다.

10. 크림을 모두 파이핑한 뒤 위쪽 빵을 덮고, 슈거
　　파우더를 뿌려 마무리한다.

🍞 **Tip**

- 크림에는 휘핑크림 대신 휘핑한 버터크림을 넣어 섞어도 좋아요.

- 큼직한 하나의 타르트 대신 작은 크기로 여러 개 만들어도 좋아요.

- 우박 설탕은 위쪽에 충분하게 뿌려 구워야 먹을 때 식감이 좋아요.

- 취향에 따라 크림에 초콜릿이나 프랄린 등을 추가해 보세요.

푸딩 쇼뫼흐

Pouding chômeur

실업자의 눈물 젖은 디저트

푸딩 쇼뫼흐는 번역하자면 '실업자의 푸딩'이라는 뜻입니다. 여기서의 푸딩은 탱글탱글한 커스터드 푸딩이 아닌, 소스를 부어 만든 촉촉한 케이크를 가리킵니다. 푸딩이 중요한 게 아니라 '실업자'가 중요하다고요? 맞습니다. 이 이름에는 사연이 많습니다. 어쩌다 디저트에 이렇게 슬픈 이름이 붙었을까요?

슬픈 이름의 푸딩 쇼뫼흐는 1930년대 대공황 초기, 캐나다 퀘벡 지역에서 탄생했습니다. 대공황은 수백만 명의 캐나다 국민을 실업과 굶주림, 거리로 내몰던 역사적인 비극이었죠. 임금은 하락하고, 물가는 치솟고, 노동자들은 일을 잃고 정부 지원에 의존할 수밖에 없었습니다. 입고 쓰는 것부터 먹는 것까지 모든 물자가 귀했던 그 시기에, 최소한의 재료로 만들게 된 디저트가 바로 푸딩 쇼뫼흐입니다. 얼마 되지 않는 자원으로 생계를 유지해야 했던 시대적 배경에 맞춰 탄생하게 된 것이죠. 1970년대 퀘벡의 한 노동자 조합이 출간한 요리책의 푸딩 쇼뫼흐 레시피에는 한쪽에 '실업자가 많은 가정을 위한'이라는 문구까지 적혀 있었다고 합니다.[17]

초기의 푸딩 쇼뫼흐는 달걀조차 들어가지 않은 기본 케이크 반죽에, 가장 기본적인 설탕 시럽을 더한 형태였습니다. 달걀이나 백설탕은 그 당시 비싼 재료에 가까웠기 때문에 달걀은 생략하고, 백설탕보다 저렴했던 갈색 설탕 카소나드 *Cassonade*를 넣어 만들게 되었다고 알려집니다.[18] 그럼에도 이 레시피가 그 시대에 큰 인기를 얻게 된 것은 적은 재료로도 그럴싸하게 만들 수 있었기 때문이에요. 그냥 간단하게 한 번에 모든 재료를 넣어서 만들 수도 있었지만, 설탕 시럽을 따로 부어주는 방법으로 촉촉함과 달콤함을 더해 완성도를 높였습니다. 그래서 공황이 끝난 뒤에도 다양한 변화를 거치며 현재까지 퀘벡의 가정식과 인기 레스토랑의 디저트로 자리매김할 수 있었습니다.

처음 제가 알게 되었던 푸딩 쇼뫼흐는 메이플 시럽을 듬뿍 넣어서 만드는 버전이었어요. 단순했던 설탕 시럽이 메이플 시럽으로 변모한 것은 모르고, '대공황 시대에도 메이플 시럽은 넉넉했다니 정말 캐나다는 멋진 곳이군… 부러워…'라고 생각했던 것은 여러분만 알아주세요. 요즘의 레시피에는 달걀, 크림, 메이플 시럽 등 더 많은 재료를 더하기도 합니다. 씁쓸한 시대에 탄생했지만, 달콤한 맛으로 사람들을 위로한 멋진 디저트입니다.

지혜로 버틴 대공황 레시피

세계 사회와 경제에 큰 타격과 상처를 남긴 대공황. 이런 불가항력적인 상황에서도 사람들은 포기하지 않았습니다. 제한된 환경 속에서도 지혜를 발휘해 가족을 먹이고, 괴로운 시간을 버텨냈죠. 푸딩 쇼뫼흐처럼 대공황 시기에 탄생한, 지혜로 만든 빵과 디저트들을 몇 가지 알아봅시다.

물 파이|*Water Pie*

밀가루, 물, 버터, 설탕을 넣어 파이지를 만들고 초벌로 한 번 구워냅니다. 구워진 파이지 안에 크림이나 커스터드가 아닌 물을 채워요. 그리고 설탕, 밀가루, 버터를 물 위로 흩뿌려 그대로 구워낸 파이입니다. 우유, 크림, 달걀 등이 비쌌던 시기에 최소한의 재료만으로 만든 디저트입니다.

괴짜 케이크 *Wacky Cake*

밀가루, 설탕, 소금, 코코아 파우더, 베이킹소다를 잘 섞은 뒤
식물성 기름, 식초, 물을 넣어 섞고, 오븐에 굽습니다. 달걀,
버터, 우유를 하나도 사용하지 않는 반죽이에요. 그 위에 슈거 파우더와 물,
코코아 파우더를 섞은 프로스팅을 만들어 얹는 케이크입니다.

사과 없는 사과 파이 *Mock Apple Pie*

사과가 제철이 아니거나 너무 비쌀 때 만든 파이입니다. 물에 설탕, 식초를 넣어
끓인 다음 크래커 위에 부어 젓지 않고 잠시 끓입니다. 걸쭉해지면 레몬즙과
시나몬 파우더를 마무리로 조금 넣고, 파이지 위에 얹어 오븐에 굽습니다.

익힌 빵 *Cooked Bread*

물자가 귀했던 시기에는 시간이 지나 단단해진 빵 한 조각도 절대 버리지
않았습니다. 딱딱한 빵 조각 위에 소금과 오일을 조금 뿌리고, 끓인 물을 부어
빵을 불린 뒤 으깨어 먹는 방식입니다. 레시피라고 할 수 없을지도 모르겠지만,
빵을 버리지 않고 먹을 수 있는 유용한 방법이었다고 합니다.

브레드 푸딩 *Bread pudding*

따로 케이크 반죽을 굽는 것이 아니라 남은 빵이나 단단한 빵 자투리들을
오븐용 그릇에 담고, 물(혹은 우유), 약간의 설탕과 달걀을 섞은 다음 빵 위에 부어
굽는 디저트입니다. 딱딱해진 빵도 조리되면서 부드러워져서 케이크처럼 먹을
수 있습니다. 기발한 아이디어 같지만 최소한의 재료로 식구들을 배불리 먹이기
위한 대표적인 생존 레시피로 알려집니다.

땅콩버터 빵 Peanut Butter Bread

값싸고 단백질이 풍부한 땅콩버터를 넣어 만든 빵입니다.
달걀, 버터를 넣지 않아도 땅콩버터 덕분에 부드럽고
고소한 빵을 만들 수 있습니다. 효모 대신 베이킹파우더를 넣어 빠르게 만든
것도 특징입니다. 땅콩버터를 꽤 많이 넣어 묵직하고 든든하게 만듭니다.
밀가루, 베이킹파우더, 설탕과 소금, 땅콩버터와 물(혹은 우유)을 넣어 잘 섞고,
팬에 담아 굽는 간단한 레시피입니다.

Recipe

재료

/케이크 반죽

실온 무염버터 100g, 설탕 50g, 달걀 1개, 베이킹파우더 3g, 박력분 100g, 소금 한 꼬집

/시럽

갈색 설탕(혹은 메이플 시럽) 200g, 물 100g, 버터 30g

만드는 법

1. 시럽 재료를 모두 냄비에 넣고 설탕이 녹을 정도로 3~5분간 끓인 뒤 식힌다.

2. 볼에 실온의 무염버터와 설탕을 넣고 크림 상태가 되도록 잘 섞다가, 실온 상태의 달걀을 넣어 골고루 섞는다.

3. 2에 체 친 박력분과 베이킹파우더, 소금을 넣어 골고루 섞고, 오븐용 팬이나 용기에 평평하게 펼쳐 담는다.

4. 반죽 가운데에 끓여둔 시럽을 붓고 180도에서 20~25분간 굽는다. 꼬챙이로 반죽을 찔렀을 때 묻어나오는 것이 없을 때까지 굽는다.

🍞 Tip

- 시럽을 만드는 대신 메이플 시럽을 사용해도 좋아요.
- 시럽을 반죽 위로 붓는 것이 전통 방식이지만, 시럽을 먼저 깔고 반죽을 올려 구워도 좋아요.
- 반죽에 우유나 생크림 등을 추가해서 부드럽게 만들어도 좋아요.

Skoleboller

귀여운 노르웨이의 국민 간식 빵

노르웨이의 스콜레볼러는 카다멈을 넣은 부드럽고 달콤한 빵 위에 노란 커스터드를 얹고, 커스터드 주위로 설탕 아이싱과 코코넛 가루를 묻힌 빵입니다. 이름을 번역하면 '학교 빵'이라는 뜻이에요. 1950년대 무렵부터 노르웨이 아이들의 학교 급식에 간식으로 제공되어 학교 빵이라는 이름이 붙었다고 알려집니다. 2차 세계대전 후 아이들이 영양실조에 시달리던 상황에서 더 많은 에너지(칼로리)를 제공하기 위해 만들어졌다는 설도 있습니다.

스콜레볼러는 처음 대중화된 1950년대 무렵부터 지금까지 사랑받는 노르웨이의 국민 간식입니다. 그래서 노르웨이의 베이커리 어디를 가나 쉽게 찾아볼 수 있어요. 물론 마트에서도 언제든지 살 수 있고요. 마치 한국의 팥빵이나 슈크림빵 같달까요? 아이들의 도시락이나 학교, 직장의 간식으로 언제나 즐겨 먹는 대중적인 빵입니다.

심지어 '스콜레볼러의 날*Skolebrødets dag*'도 있습니다. 노르웨이의 빵과 곡물 정보사무소*Opplysningskontoret for brød og korn*(OBK, 빵과 곡물 사용에 대한 지식과 관심을 증가시키는 것을 목표하는 노르웨이의 기업)에서 2017년에 지정했어요. 스콜레볼러의 날은 여름 방학 전 마지막 금요일입니다. 학교나 직장 생활을 잠시 정리하며 달콤한 즐거움을 느끼도록 이렇게 지정했다고 해요. 스콜레볼러의 날이 가까워질수록 노르웨이의 많은 베이커리와 카페에서 이 빵을 만들어 홍보하기 시작하고, 사람들도 스콜레볼러를 즐깁니다. 특별한 날인 만큼 평소의 흰 코코넛 가루 대신 알록달록 귀여운 스프링클을 뿌려 장식하는 곳도 있습니다.

처음 스콜레볼러를 알게 되었을 때, 빵이 정말 귀여워 보였어요. 이런 비주얼은 처음 봤거든요. 가운데의 노란 커스터드나 테두리에 붙은 보슬보슬한 코코넛 가루도 참 귀여웠습니다. 케이크도 아닌 빵에 이렇게 코코넛 가루를 붙일 생각은 한번도 못 했는데, 만들고 나니 보기에도 좋고 맛도 좋았습니다. 저처럼 코코넛을 좋아하는 분이라면 꼭 한 번 만들어 보세요.

이름이 많은 빵

처음 이 빵의 이름은 '스콜레브로드*Skolebrød*'였습니다. 지금도 노르웨이에서는 '스콜레브로드'와 '스콜레볼러'라는 두 단어를 함께 사용해요. 무척 비슷해 보이는 두 단어이지만, 의미에는 꽤나 큰 차이가 있습니다.

노르웨이에서 '브로드*Brød*'라는 단어는 매일 밥으로 먹는 빵을 뜻합니다. 프랑스의 바게트나 사워도우 빵처럼 주로 담백한 맛의 주식용 빵을 가리키는 단어입니다. 그러다 보니 1970년대부터 '설탕, 버터가 듬뿍 들어간 스콜레브로드가 주식용 빵(브로드)으로 불리는 것이 맞는가?'라는 사회적 논의가 시작되었다고 해요. 그 당시 이미 아이들과 청소년들이 충분한 칼로리를 매일 섭취하고 있는데, 칼로리가 높은 간식용 빵인 스콜레브로드를 주식으로 여기면 안된다는 우려가 등장한 것이죠. '브로드'라는 이름이 붙어 매일 먹어도 되는 빵으로 혼돈을 줄 수 있다는 것이었어요.

그때 이후로 '스콜레볼러'라는 이름이 생겼습니다. 노르웨이어 '볼러*Boller, Bolle*'는 설탕, 버터가 들어간 부드러운 빵을 부르는 단어입니다. 우리에게도 익숙한 시나몬롤, 카다멈롤도 노르웨이어로는 카넬볼러*Kanelboller*, 칼데몸머볼러

*Kardemommeboller*로 '볼러'가 들어가죠. '스콜레브로드'에서 '스콜레볼러'로 이름
이 바뀌고 나서야 이 빵이 간식용 빵으로 제대로 인식되기 시작했다고 합니다.
실제로 인터넷에서는 '나는 이게 학교 빵이라고 해서 건강한 빵인 줄 알았다'라
는 반응도 있어요. 이름이 바뀌어서 다행인 것 같습니다.

이 외에도 노르웨이 남부 지역에서는 톨뵈레스*Tolvøres*, 푸르케*Purke* 혹은 포
르케*Porke*라고 불리기도 하고, 파이*Pai*, 에그멜리스볼레*Egmelisbolle*, 올라볼레
Olabolle 등으로 부르는 경우도 있습니다. 지역에 따라 모양이 조금씩 다르긴 해
도, 대부분의 지역에서 인기 있는 국민 빵이라는 점은 같아요.

추운 노르웨이에서 코코넛을?

처음 스콜레볼러를 보고 가장 궁금했던 점은 코코넛이 나지 않는 추운 노르웨
이에서 코코넛을 듬뿍 묻힌 빵을 대중적으로 먹는다는 것이었습니다. 보통 어떤
지역에서 전국적으로 유명한 빵이나 간식은 해당 지역의 기후나 주요 생산 작물
등으로 만드는 경우가 많은데, 스콜레볼러는 그렇지 않았죠. 물론 일부 가게에서
는 코코넛을 묻히지 않은 버전의 스콜레볼러를 판매하기도 하지만, 코코넛을 묻
혀 마무리하는 것은 스콜레볼러를 구성하는 중요한 요소입니다. 어떻게 노르웨
이에서 자라지도 않는 코코넛을 듬뿍 묻힌 빵이 이렇게 유명해졌을까요?

이 부분을 이해하기 위해서는 스콜레볼러가 처음 만들어진 노르웨이 전후 상
황을 살펴보아야 합니다. 전쟁 이후, 1950년대부터 무역이 회복되며 노르웨이의
식량 상황은 크게 개선되었습니다. 설탕, 밀가루, 버터 등의 수입이 안정되고 코
코넛, 커피, 초콜릿과 같은 열대 무역품도 대량으로 수입하기 시작했죠. 바로 이
때가 스콜레볼러가 탄생한 것으로 알려지는 시기입니다.

어떤 이유로 스콜레볼러를 장식할 때 코코넛을 사용하게 되었는지는 정확하
게 알려지지 않았습니다. 전후로 코코넛 등의 수입량이 크게 증가한 것도 있지만

전쟁 이전에도 노르웨이에서 코코넛을 사용하는 레시피는 존재했어요. 1914년 출간된 노르웨이의 대표 요리서 《Stor kokebok》에도 코코넛 마카롱 레시피가 기록되어 있습니다.[19] 하지만 코코넛이 노르웨이에서 대중적으로 쓰이는 재료는 아니었죠.

이 부분을 알아내기 위해 여러 자료를 탐험하면서 유추한 결과, '아주 우연히' 코코넛을 사용한 스콜레볼러가 전국적으로 유명해지면서 노르웨이에선 나지도 않는 코코넛이 전통 빵의 중요한 요소로 자리 잡게 된 것으로 보입니다. 쉽게 말하자면, 스콜레볼러 덕분에 코코넛이라는 수입 재료가 노르웨이 전통 빵의 비주얼을 담당하게 된 거죠. 아이들의 호기심을 자극하기 위해 이국적이고 색다른 재료를 쓴 것일 수도, 괴로웠던 전쟁 시기를 극복하고 풍요로운 시대를 상징하는 재료로 수입품인 코코넛을 사용한 것일 수도, 노르웨이의 눈밭과 떠오르는 태양을 나타내려고 눈처럼 하얗고 포슬포슬한 코코넛을 썼을 수도, 열량이 높아서 썼을 수도, 추운 노르웨이에서 따뜻한 나라를 그리며 따뜻한 나라에서 온 코코넛을 썼을 수도, 아니면 진짜 단순히 처음 만든 사람이 코코넛을 너무 좋아해서 썼을 수도 있죠. 저처럼 '코코넛이 잔뜩 들어간 빵이 그 추운 노르웨이의 전통 빵이라고?'라는 생각에 의아했던 분이 있다면, 조금은 실마리가 되었길 바라요.

Recipe

재료(6개 분량)

/반죽

강력분 250g, 설탕 20g, 인스턴트 드라이이스트 4g, 소금 한 꼬집, 우유 120g, 달걀 1개(약 50g), 실온 무염버터 30g, 카다멈 가루 1g(생략 가능)

/커스터드

A: 우유 250g, 바닐라빈 1/2개 긁어낸 것
B: 노른자 2개, 설탕 50g, 옥수수 전분 30g

/기타

달걀물, 아이싱(슈거 파우더 30g+물 15g), 코코넛 가루 적당량

만드는 법

1. 볼에 모든 반죽 재료를 넣어 매끈해지도록 반죽하고, 두 배로 발효시킨다(약 1시간).

2. 반죽을 6개로 나눠 둥글리고(1개당 약 75~78g), 마르지 않게 덮어 15~20분간 휴지시킨다.

3. 휴지시키는 동안 커스터드를 만든다(13p 참고).

4. 오븐 팬에 반죽을 올리고, 아래쪽이 평평한 컵 등으로 반죽 가운데를 누른다.

5. 눌러서 평평해진 자리에 커스터드를 얹고, 가장자리에 달걀물을 바른다. 랩 등으로 덮어 30분간 발효시킨다.

6. 200도로 예열한 오븐에 넣고 10~15분간 굽는다.

7. 구워진 빵은 한 김 식혀 아이싱(13p 참고)을 가장자리에 바르고, 코코넛 가루를 뿌리거나 묻혀 완성한다.

콘차

·

Concha

만들고 먹는 재미가 가득한 멕시코의 조개 모양 빵

멕시코를 대표하는 빵 중의 하나인 콘차는 부드럽고 달콤한 반죽 위에 바삭한 토핑을 올려 구운 빵입니다. 위쪽에 조개 무늬를 새겨 굽기 때문에 조개를 뜻하는 스페인어 'Concha'라는 이름이 붙었죠. 멕시코 사람들의 아침 식사를 담당하는 것은 물론, 간식이나 저녁으로도 즐겨 먹는 대중적인 빵입니다. 특히 초콜라떼*Chocolate*(우유, 초콜릿, 향신료를 끓여 먹는 멕시코의 초콜릿 음료)나 커피와 함께 먹으면 더 맛있다고 해요. 기본적인 콘차는 흰색의 바닐라 맛이나 갈색의 초콜릿 맛 토핑을 올리는 경우가 많지만, 레시피마다 가게마다 알록달록한 귀여운 콘차를 파는 것이 재미있습니다.

콘차는 브리오슈처럼 설탕, 달걀, 버터나 마가린을 많이 넣어 부드럽게 만든 반죽을 기본으로 하고, 그 위에 밀가루, 버터, 설탕을 섞은 토핑(거의 쿠키 반죽)을 얇게 펼쳐서 올립니다. 토핑과 반죽이 잘 붙도록 손바닥으로 눌러주고, 토핑 위를 조개 무늬 틀로 찍어서 무늬를 새겨요. 멕시코나 미국 등에서는 조개 무늬 틀을 쉽게 구할 수 있어 도장 찍듯이 가볍게 툭툭 눌러도 금방 예쁜 조개 무늬를 새길 수 있습니다. 저는 틀을 구하기가 어려워서 조각칼로 조개 무늬를 새겼는데, 꽤 귀여운 모양으로 완성되었어요. 콘차 전용 틀이 없더라도 스크래퍼나 과도 등으로 예쁘게 조개 무늬를 만들 수 있답니다.

처음 콘차를 탐험하고 싶었던 이유는 귀여운 조개 모양 때문이었어요. 일본의 메론 빵과도 비슷해 보이지만, 확실히 '조개' 모양으로 무늬를 내서 굽는 빵이라는 게 흥미로웠습니다. 마들렌이나 붕어빵 말고는 해양 생물이 빵에 등장하는 경우를 많이 못 봤는데, 조개 빵이라니요! 특별한 재료나 크림, 필링이 들어가지도 않는데 부드러우면서도 바삭한 콘차는 정말 맛있답니다. 처음 보는 낯선 빵일지 몰라도 맛은 전혀 낯설지 않을 거예요. 여러분도 한번 재미있게 이 멕시코 조개 빵을 만들어보면 좋겠습니다.

달콤한 멕시코 '판 둘세'의 세계

콘차는 멕시코 '판 둘세*Pan dulce*'의 대표적인 빵입니다. 멕시코에서는 달콤하게 만든 빵이나 페이스트리를 대부분 '판 둘세'라고 부르는데, 알려진 종류만 해도 수백 가지에 달해요. 콘차처럼 발효해서 만든 빵부터 퍼프 페이스트리로 만든 것, 컵케이크나 도넛 종류까지도 모두 판 둘세입니다. 멕시코 사람에게 가장 어려운 인생의 결정이 '간식 시간에 어떤 판 둘세를 고를지 고민하는 것'이라고 할 정도로 판 둘세의 세계는 방대합니다. 멕시코의 어느 빵집을 가더라도 만날 수 있는, 멕시코 사람들의 일상에 빼놓을 수 없는 중요한 빵이자 문화입니다.

판 둘세가 멕시코에서 탄생하게 된 것은 스페인과 프랑스의 영향으로 알려져 있습니다. 물론 스페인 점령기 이전부터 멕시코의 주요 곡물인 옥수수로 만든 다양한 토착 빵이 존재했다고 해요. 이후 밀의 재배, 빵의 제작에 관한 기술이 스페인 점령기를 통해 멕시코에 전파되었고, 이 기술을 토대로 멕시코만의 독특한 빵이 탄생하게 되었죠.[20] 특히 19세기 말에서 20세기 초, 포르피리오 디아스의 군사독재 통치를 받던 포르피리아토*Porfiriato* 시대에 해외의 진보된 요리 기법이나 기술들이 멕시코 사회에 전해지면서 멕시코의 제과 제빵 기술에도 영향을 끼쳤습니다. 현재는 재료, 지역, 기법에 따라 독특한 모양과 맛을 지닌 다양한 판 둘세가 멕시코 전역에서 사랑받고 있습니다. 그럼 수많은 판 둘세 중 가장 대표적이고, 유명한 판 둘세들을 탐험해 볼까요?

오레하스 *Orejas*

한국에서는 '팔미에'로 알려진 퍼프 페이스트리. 버터를 감싼 반죽을 여러 차례 밀고 접어 겹을 만든 뒤, 설탕을 묻혀 자른 다음 구워낸 바삭한 과자다. '오레하'는 '귀'라는 뜻.

쿠에르니또스 *Cuernitos*

'작은 뿔'이라는 뜻으로 크루아상처럼 말아서 구운 빵. 크루아상처럼 반죽으로 버터를 감싸 겹을 만들기보다는 버터, 설탕을 넣은 부드러운 반죽을 크루아상 모양으로 구운 경우가 많다. 반죽의 양쪽 팔을 길게 빼서 가운데로 모아 굽는 것이 흔하다.

엠빠나다스 *Empanadas*

아르헨티나의 유명한 고기 파이인 엠빠나다와 다르게, 멕시코의 엠빠나다는 달콤한 소를 넣어 구운 판 둘세이다. 주로 파인애플, 사과, 커스터드, 고구마, 코코넛 등의 달콤한 재료를 넣어 만든다.

푸에르끼토스 *Puerquitos*

'작은 돼지'라는 뜻의 푸에르끼토스는 정말 돼지 모양으로 구운 귀여운 쿠키의 일종이다. 주로 당밀과 계피 가루 등을 넣어 만든다. 멕시코에서는 '필론치요 *Piloncillo*'라고 불리는 당밀 함량이 높은 비정제 설탕을 사용해서 만드는 경우가 많다.

엘로테스*Elotes*

'옥수수 이삭'이라는 뜻의 엘로테스는 이름처럼
옥수수 모양으로 생긴 판 둘세이지만, 재료에 옥수수가
들어가지는 않는다. 옥수수처럼 길쭉하게 모양을 만들고,
스크래퍼나 칼 등으로 옥수수 모양을 새긴 뒤 굽는다.

베소*Besos*

'키스'라는 뜻의 베소는 두 개의 작은 쿠키를 붙여서 완성하는 판 둘세이다.
두 개의 작은 쿠키는 잼을 발라 서로 붙이고, 쿠키 겉면에는 설탕이나
코코넛 가루 등을 묻혀 장식한다.

레바나다스 데 만테끼야*Rebanadas de mantequilla*

구운 빵 한 조각 위에 버터와 설탕을 바른 판 둘세. 반죽을
긴 원통형으로 모양을 잡아 구운 후, 구워낸 빵을 한 조각씩
썰어 윗면에 부드러운 버터와 설탕을 발라 완성한다. 재료와 구성은 간단하지만
항상 아는 맛이 무서운 법이다.

특별한 재료 없이도 맛있는 세계의 빵들

다양한 과일이나 잼 등을 사용한 판 둘세도 있지만, 꽤 많은 판 둘세가 빵 반
죽에 사용한 밀가루, 버터, 설탕, 달걀 등의 재료만으로 장식이나 토핑을 만듭니
다. 콘차만 해도 빵 반죽에 썼던 밀가루, 버터, 설탕에 색소 정도만 추가해서 만
든 쿠키 반죽을 올린 것이고, 구운 빵 위에 버터와 설탕을 바른 레바나다스 데 만
테끼야 등 같은 재료로 창의력을 발휘해서 식감과 맛, 장식을 다르게 한 점이 눈
길을 끌죠. 멕시코의 판 둘세 외에도 본 반죽에 사용한 밀가루, 버터, 설탕, 달걀

정도의 재료로 다른 식감과 맛, 장식을 만든 세계의 빵들이 있습니다.

스트로이젤쿠헨*Streuselkuchen*

독일의 유명한 디저트 빵 스트로이젤쿠헨은 밀,
설탕, 버터, 효모, 우유를 넣은 반죽을 팬에 얇게 펼쳐
발효시키고, 윗쪽으로 밀, 버터, 설탕을 섞어 만든 '스트로이젤*Streusel*'을 뿌려
구운 것이다. 스트로이젤의 재료는 빵 반죽에 사용한 밀가루, 버터, 설탕을
섞은 것뿐이지만 오븐에 구우면서 쿠키처럼 바삭해진다. 스트로이젤은
스트로이젤쿠헨 외에도 다양한 타르트, 파이 등에 널리 사용된다.

타트 오 슈크*Tarte au sucre*

'브리오슈 브레산*Brioche bressane*' '갈레트 오 슈크*Galette au sucre*' 등으로도 불리는
프랑스의 타트 오 슈크는 '설탕 타르트'라는 이름 그대로 설탕을 올려 구운
빵이다. 밀, 설탕, 버터, 효모, 달걀 등을 넣어 브리오슈 반죽을 만들고, 파이처럼
넓고 평평하게 펼친 뒤, 반죽 위로 버터 조각을 얹고 설탕을 듬뿍 뿌려 굽는다.

타이거브로드*Tijgerbrood*

'호랑이 빵'이라는 뜻의 네덜란드 빵. 빵 위쪽의 무늬가
호랑이 무늬 같다고 하여 붙여진 이름이다. 담백한 빵
반죽 위에 쌀가루, 설탕, 효모, 물, 오일, 소금을 섞은 걸쭉한 반죽을 골고루
발라 오븐에 구우면 빵이 구워지면서 위에 바른 반죽에 균열이 생기고, 호랑이
무늬처럼 짙은 색으로 변한다. 고소한 맛과 바삭한 식감, 그리고 독특한 무늬로
눈길을 사로잡는다.

메론 빵 メロンパン

메론처럼 무늬를 내서 만든 일본의 빵. 레시피에 따라 메론
향을 첨가하는 경우도 있지만, 대개 모양만 메론인 것이 많다.
본 반죽 위에 쿠키 반죽을 얹어 감싸고, 설탕을 입혀 스크래퍼나 메론 빵 틀로
격자 무늬를 내어 굽는다. 쿠키 반죽에는 바삭함을 더하기 위해
아몬드 가루를 넣기도 한다.

슈 오 크라클랑 *Choux au craquelin*

한국에서 '쿠키 슈'로 알려진 프랑스의 디저트. 부드럽고
가벼운 슈 반죽 위에 밀가루, 설탕, 버터를 섞어 만든
'크라클랑 *Craquelin*' 반죽을 동그랗게 잘라서 올려 굽는다. 오븐에서 구워지는
동안 크라클랑 반죽이 녹으면서 갈라져 골고루 바삭한 크러스트를 만든다. 기본
슈 반죽보다 달콤하고 바삭한 맛을 강조할 수 있다.

Recipe

재료

/빵 반죽

중력분 250g, 달걀 1개, 설탕 40g, 우유 약 60g, 고당용 인스턴트 드라이이스트(골드) 4g, 실온 무염버터 60g

/쿠키 반죽

실온 무염버터 60g, 중력분 60g, 슈거 파우더 60g, 바닐라 익스트랙트 조금

만드는 법

1. 버터를 제외한 빵 반죽 재료를 모두 섞어 매끈하게 반죽한다.

2. 조금씩 글루텐이 잡히면 실온 상태의 부드러운 무염버터를 2~3회 나눠 넣으며 반죽한다.

3. 반죽에 버터가 모두 흡수되고 충분히 글루텐이 잡힐 때까지 반죽한다.

4. 반죽을 둥글려 두 배로 발효시킨다(약 1시간).

5. 반죽이 발효되는 동안 쿠키 반죽 재료를 골고루 섞어 준비하고, 마르지 않게 랩으로 덮어둔다.

6. 발효된 반죽을 65~70g씩 분할하여 둥글린다. 오븐 팬에 올려 손바닥으로 가볍게 눌러 납작하게 만든다.

7. 쿠키 반죽을 조금씩 떼어 두 장의 종이 호일 사이에 놓고, 납작하게 눌러서 펼친다.

8. 빵 반죽 위에 쿠키 반죽을 얹고, 손바닥으로 잘 눌러 빵 반죽에 붙인다.

9. 조개 모양으로 칼집을 내고, 두 배로 발효시킨다(약 1시간).

10. 180도로 예열한 오븐에 넣고, 15~20분간 굽는다.

- 설탕이 많이 들어가는 반죽 특성상, 고당용 이스트를 사용하는 것이 좋아요.

- 쿠키 반죽에는 좋아하는 색을 낼 수 있는 재료나 색소를 사용해 보세요. (코코아 파우더(갈색), 말차 파우더(녹색) 등)

Torta Caprese

밀가루 없이 만드는 이탈리아의 초콜릿 케이크

달콤하면서도 부드러운 식감과 밀가루를 전혀 사용하지 않고 만들 수 있다는 것에 놀라게 되는 케이크, 토르타 카프레제. 토르타 카프레제는 밀가루 대신 단단하게 올린 머랭, 아몬드 가루나 헤이즐넛 가루, 버터와 초콜렛을 듬뿍 넣어 만든 케이크입니다. 이 케이크는 1920년 이탈리아 남부 카프리*Capri* 섬의 한 레스토랑 페이스트리 셰프의 실수에서 탄생했다고 알려져 있어요. 케이크를 만들다가 반죽에 밀가루를 넣는 것을 잊어버리는 바람에 우연히 탄생했다고 하죠. '무슨 레스토랑에서 그런 실수를 하지?'라고 생각했더니 손님이 마피아의 왕 '알 카포네'였다고 해요. 정확한 유래는 아니지만 가장 널리 알려진 이야기입니다. 우연한 실수 덕택에 이렇게 맛있는 레시피를 알게 되어 고마울 따름입니다.

사실 처음 토르타 카프레제를 만들었을 때는 이렇게 맛있을 줄 몰랐습니다. 반죽이 스펀지케이크처럼 높이 부풀지 않아 꽤 납작한 데다가, 크림을 샌드하거나 덮고 장식하는 과정도 없어서 처음엔 그저 단단하고 검은 덩어리처럼 보였거든요. 장식도 간단하게 슈거 파우더를 위에 뿌려주는 정도였습니다. 그런데 한입 먹어보니 이게 무슨 일이죠. 너무 부드럽고, 너무 촉촉하고, 너무 맛있었어요! 살짝 따뜻하게 먹어도, 차갑게 먹어도 맛있었습니다. '왜 토르타 카프레제는 티라미수만큼이나 세계에 널리 알려지지 않아서 이제서야 내가 먹어보게 된 걸까!'라는 생각이 들 정도였습니다.

토르타 카프레제는 달걀, 설탕, 버터, 아몬드 가루와 초콜릿 이렇게 다섯 가지 재료로 만들어요. 재료가 단순한 만큼 재료의 품질이 몹시 중요합니다. 토르타 카프레제를 만드신다면 다른 건 몰라도 버터, 아몬드 가루, 초콜릿은 꼭 품질이 좋은 것으로 사용하세요. 단순한 재료로 이렇게 멋진 케이크를 만들 수 있다는 사실에 놀라게 될 거예요.

밀가루 없이 만드는 이탈리아 케이크

저는 토르타 카프레제가 밀가루 없이 만들어지는 케이크라는 사실이 무척 신기했습니다. 밀가루가 들어가지 않다 보니 밀가루 소화에 어려움이 있는 분이나 글루텐프리 디저트를 찾는 분도 부담 없이 먹을 수 있죠. 이탈리아의 디저트를 탐험하다 보니, 밀가루 없이 만드는 케이크가 꽤 다양해서 여러분께 소개합니다.

토르타 디 노촐레*Torta di nocciole*

'헤이즐넛 케이크'라는 뜻으로, 밀가루 대신 헤이즐넛 가루를 사용해 만든 케이크. 설탕, 달걀, 베이킹파우더, 버터나 오일, 헤이즐넛 가루 등의 기본 재료로 만든다. 좋은 품질의 헤이즐넛으로 유명한 피에몬테 지역에서 많이 만드는 레시피로, '피에몬테 헤이즐넛 케이크*Torta piemontese alle nocciole*'라고도 불린다.

토르타 디 리소*Torta di riso*

'쌀 케이크'라는 뜻으로, 밀가루 대신 쌀을 끓여 만든다. 쌀을 우유, 설탕이나 꿀, 레몬 껍질과 함께 뭉근하게 끓여 크림 형태로 만든 뒤, 달걀, 리큐르와 함께 섞어서 굽는다. 반죽에 아몬드 가루나 아마레티*Amaretti*(이탈리아의 아몬드 쿠키) 부순 것을 넣어 만들기도 한다. 에밀리아 로마냐*Emilia-Romagna* 지역이 유명하다.

밀가루와 버터로 만든 타르트지 안에 쌀과 우유, 리큐르를 끓인 필링을 부어
만드는 방법이나 치즈를 넣어 짭짤하게 만드는 레시피도 있다.

토르타 사비오사 *Torta sabbiosa*

'모래 케이크'라는 뜻으로, 밀가루 대신 감자 전분을 넣어 만드는 케이크. 버터,
설탕, 달걀노른자를 휘핑하고 달걀흰자로 만든 머랭을 섞어 만든다. 구워진
케이크의 안쪽은 촉촉하고 겉은 가볍게 부서지는 식감을 지녀 '모래'라는
이름이 붙었다고 알려진다. 레시피에 따라 감자 전분에 아몬드 가루나 밀가루를
섞어서 사용하기도 한다. 롬바르디아 *Lombardia*, 베네토 *Veneto* 지역에서 유명하다.

토르타 디 그라노 사라체노 *Torta di grano saraceno*

'메밀 케이크'라는 뜻으로, 밀가루 대신 메밀가루를 사용한다. 버터, 설탕, 달걀과
메밀가루를 넣은 반죽을 구운 뒤 반을 갈라 잼을 발라 샌드한다. 레시피에 따라
달걀흰자로 머랭을 만들어 넣기도 하고, 반죽에 호두 다진 것이나 서양배를
넣기도 한다. 서늘한 기후에서 자라는 메밀을 이탈리아에서 쓰는 것이 낯설게
보일 수 있지만, 알프스와 인접한 이탈리아 북부 지역에서는 메밀을 사용한
디저트나 음식을 쉽게 찾아볼 수 있다.

카스타냐쵸 *Castagnaccio*

밤 가루로 만든 케이크 카스타냐쵸는 밀가루도, 우유도,
설탕도 들어가지 않는다. 밤 가루에 물과 소금 한 꼬집을 넣어
잘 섞고 팬에 부은 뒤 호두 다진 것, 잣, 건포도와 로즈마리,
올리브 오일을 뿌려 굽는다. 글루텐이 없는 밤 가루의 특성상 높이 부풀지 않아
납작한 형태로 완성된다. 토스카나 지역이 유명하다.

밀가루 없이 만드는 세계의 디저트

이탈리아의 케이크 말고도 밀가루를 사용하지 않는 세계의 디저트는 다양합
니다. 케이크나 과자를 만들 때 밀가루를 사용하는 이유는 구조를 유지하기 쉽
고, 가볍고 폭신한 식감을 내기 쉬우며, 강한 맛이나 향이 적어 다른 재료와도 잘
어울리기 때문일 거예요. 그래서 케이크나 과자를 만들 때 밀가루를 사용하지 않
는다면 다른 재료들로 이 역할을 보완하는 경우가 많습니다. 구조를 보강하기 위
해 달걀이나 달걀흰자로 만든 머랭을 넣기도 하고, 촉촉함과 풍미를 더하기 위해
견과류의 가루를 쓰거나, 탄력이나 점성을 보강하기 위해 전분을 사용하기도 합
니다. 이러한 원리를 생각하면서 아래에 소개하는 디저트들을 탐험하면 더 재미
있을 거예요.

세르닉*Sernik*

폴란드의 치즈 케이크 세르닉. 폴란드에서는 대부분의 치즈 케이크를
'세르닉'으로 부르기 때문에 수많은 레시피가 존재하지만, 전통 치즈 케이크는
밀가루 대신 감자 전분을 사용하거나 가루류를 사용하지 않는 경우도 있다.
다량의 달걀과 치즈로 대부분의 구조를 완성한다. 머랭을 넣어 식감을 더욱
가볍게 만드는 것도 가능하다.

파블로바*Pavlova*

뉴질랜드와 호주의 머랭 케이크. 달걀흰자에 설탕을 넣어
단단한 머랭을 만들고, 소량의 옥수수 전분과 레몬즙(식초)을
섞어 반죽을 완성한다. 둥근 모양으로 머랭을 정돈하고, 낮은 온도에 장시간
구워낸다. 완성된 머랭 케이크 안쪽으로 커스터드나 크림을 올리고, 딸기,
라즈베리, 블루베리 등 신선한 과일로 장식한다.

다쿠아즈*Dacquoise*

프랑스의 다쿠아즈는 머랭에 설탕, 아몬드 가루를 넣은 반죽을 구워낸 것으로,
프랑스 제과에서 흔하게 사용하는 비스퀴*Biscuit*의 일종이다. 다쿠아즈 위에
바로 크림을 짜서 타르트를 만들기도 하지만, 다양한 케이크나 타르트의 시트로
사용하는 경우도 많다.

따르따 데 산티아고*Tarta de Santiago*

스페인 갈리시아*Galicia* 지방을 대표하는 전통 아몬드 케이크.
케이크 위쪽을 산티아고의 십자가*Cruz de Santiago*로 장식한 것이
특징으로, 스페인의 산티아고 순례길을 대표하는 디저트이다. 아몬드 가루와
설탕, 달걀, 레몬 껍질 등을 넣어 가볍게 섞기만 해도 만들 수 있다. 밀가루는
물론, 버터나 우유 등의 유제품을 사용하지 않는 케이크.

토르타 가라쉬*Торта Гараш*

불가리아의 유명한 초콜릿 케이크로, 머랭에 호두
가루를 넣어 구운 얇은 시트를 여러 겹으로 쌓아 만든다.
시트 사이 사이에는 초콜릿 커스터드나 초콜릿 크림 등을 바르고, 마무리로
초콜릿 아이싱이나 가나슈를 코팅해서 완성한다. 케이크 위쪽에 다진 호두나
피스타치오, 코코넛 가루 등을 뿌려 장식한다.

산스 리발*Sans rival*

머랭에 캐슈넛 가루를 넣어 구운 얇은 시트를 여러 겹으로
쌓아 만드는 필리핀의 케이크. 크림은 파트 아 봄브*Pâte à bombe*(노른자와 고온의
설탕 시럽을 섞은 것)에 버터를 섞은 것을 주로 사용하며, 시트 사이 사이에 크림을
샌드하여 완성한다. 겉면에도 크림을 바르고, 다진 캐슈넛 등으로 장식한다.

Recipe

재료

(3호 틀(210x70mm) 1개 분량)

무염버터 180g, 다크 커버춰
초콜릿 180g, 달걀 4개,
백설탕 100g, 아몬드 파우더
250g

만드는 법

1. 틀에 미리 버터를 얇게 바르고, 종이호일을 깔아둔다.

2. 볼 A에 무염버터와 다크 커버춰 초콜릿을 넣고,
   전자레인지나 중탕으로 녹여 잠시 식혀둔다.

3. 볼 B에 달걀노른자, 설탕을 넣고 핸드믹서로
   휘핑한다. 충분히 휘핑하여 색이 밝아지고, 반죽을
   떨어트렸을 때 흔적이 남을 정도로 섞는다.

4. 볼 C에 달걀흰자를 핸드믹서로 휘핑하여 단단한
   머랭을 만든다.

5. 볼 B에 볼 A의 버터, 초콜릿 녹인 것을 조금씩 넣어
   섞는다.

6. 5에 단단하게 친 머랭을 조금씩 넣어 가르듯이 섞고,
   아몬드 파우더를 넣어 골고루 섞는다.

7. 모든 재료가 골고루 섞였다면 팬으로 반죽을 옮겨
   담고, 180도에서 30~40분간 굽는다.

8. 구워져 나온 상태 그대로 한 김 식힌 뒤, 틀에서
   분리하여 마저 식힌다.

9. 완전히 식은 다음 윗면에 슈거 파우더를 뿌려
   장식한다.

- 버터, 초콜릿, 아몬드 가루는 좋은 품질의 제품을 사용하세요.

- 버터와 초콜릿을 중탕으로 녹인 것은 한 김 식힌 뒤에 사용하세요.

- 아몬드 가루의 입자에 따라 반죽의 농도가 다를 수 있습니다.

- 케이크가 높게 부풀지 않는 것이 정상입니다.

토르체티

Torcetti al burro

귀여운 고리 모양의 이탈리아 전통 발효 쿠키

토르체티는 구운 이탈리아 북부 피에몬테 지역의 전통 쿠키입니다. 작은 고리처럼 생긴 과자 위에 설탕 알갱이들이 골고루 붙은 바삭한 쿠키죠. 이탈리아어로 주로 '비틀다, 꼬다'라는 뜻을 지닌 단어 '토르체레*Torcere*'에서 그 이름이 비롯되었습니다. 간식은 물론 카푸치노와 함께 곁들이는 간단한 아침 식사이기도 합니다. 특이하게 효모를 넣어 발효시킨 반죽으로 만드는데, 그런 점이 그리시니와 유사하기도 합니다. 그래서 '피에몬테의 달콤한 그리시니*Grissini dolci piemontesi*'라고 부르기도 하지요. 다만 그리시니와 다르게 반죽에 버터를 많이 사용합니다.

토르체티는 겉면에 설탕 알갱이를 묻혀서 굽는 것이 특징인데, 굽고 나서도 설탕 알갱이가 남아있어 바삭한 쿠키에 사각거리는 식감을 만듭니다. 대부분의 토르체티 레시피가 모양 낸 반죽에 바로 설탕을 묻혀 굽는 편이지만 토르체티로 유명한 지역인 '란쪼 토리네제*Lanzo Torinese*'의 방법은 조금 달라요. 여기서는 모양낸 반죽에 물을 묻히거나, 반죽을 물에 잠깐 담갔다 꺼낸 뒤 설탕을 묻혀 굽습니다. 그러면 설탕이 녹으면서 카라멜화가 일어나 표면이 더 진해지고, 설탕으로 코팅된 듯한 식감도 선명해진다고 해요. 이 외에도 토르체티는 비엘라*Biella* 지역, 알리에*Aglie* 지역 등에서도 유명하며 반죽의 재료 배합, 발효 방법, 식감, 성형하는 방법 등에 따라 다양한 레시피가 존재합니다.

토르체티의 독특한 공정

토르체티 만들기에는 독특한 공정이 있습니다. 먼저 밀가루, 효모, 설탕, 물, 달걀 등을 넣어 반죽을 하고, 1차로 발효를 거칩니다. 그다음 부드러운 상태의 버터를 넣어 한 번 더 반죽하고, 다시 2차 발효를 진행하죠. 빵을 만들 때 글루텐이 잘 생성되도록 버터 등의 유지를 반죽 후반부에 첨가하는 경우가 많긴 해도, 발효를 일부 진행한 반죽에 버터를 추가하는 것은 처음 보아서 신기했어요. 이렇게 하면 토르체티를 더 바삭하게 만들 수 있고, 보존성도 좋아진다고 합니다. 실제로 토르체티는 실온에서도 꽤 오랜 시간 바삭함을 유지합니다.

재료를 섞어 발효시킨 토르체티 반죽은 작게 잘라 손으로 밀어 길쭉하게 만든 뒤, 양 끝을 붙여 고리 모양으로 만듭니다. 이후 설탕에 반죽을 얹어 앞뒤로 설탕을 골고루 묻히고 팬에 올려 오븐에 굽습니다. 오븐에 넣기 전에 추가로 발효 시간을 갖는 레시피도 있는데, 충분히 잘 발효된 반죽이어야 굽고 나서 가볍고 바삭한 식감을 살릴 수 있어서 그런 것 같습니다.

토르체티 vs 타랄리

토르체티처럼 둥근 고리 모양으로 생긴 이탈리아의 유명한 과자가 또 있습니다. 바로 '타랄리*Taralli*'입니다. 겉으로 봐서는 둥근 고리 모양이 비슷해 보이지만 만드는 지역도, 맛도, 만드는 방법도 전혀 다른 과자랍니다.

이탈리아는 지역에 따라 주로 사용하는 유지가 다릅니다. 주로 북부는 버터, 남부는 올리브 오일을 사용하죠. 토르체티와 타랄리는 그걸 알려주는 좋은 예시입니다. 이탈리아 북부의 토르체티는 설탕과 버터를 넣어 달콤하게, 남부의 타랄리는 올리브 오일을 넣어 짭짤하게 만듭니다. 토르체티는 반죽에 효모를 넣고 발효시켜 만드는 과자라면, 타랄리는 발효 없이 물에 데쳐 만들죠. 토르체티 위에는 설탕이 있지만, 타랄리는 설탕이 묻어있지 않습니다. 이렇듯 두 과자는 고리

	토르체티	타랄리
지역	이탈리아 북부(피에몬테)	이탈리아 남부(풀리아, 캄파니아, 바실리카타 등)
재료	밀가루, 설탕, 버터, 효모, 달걀 등	밀가루, 올리브 오일, 소금, 화이트 와인
발효여부	O	X
데치기 여부	X	O
맛	달콤한 맛	고소한 맛
추천 조합	커피, 핫초콜릿 등과 함께	와인, 짭짤한 햄이나 치즈와 함께
부재료	코코아 가루, 초콜릿 코팅 등	허브, 페퍼론치노, 펜넬 씨앗 등

모양이라는 점 외에는 많은 것이 다릅니다.

타랄리에 대해 조금 더 탐험해 볼까요? 타랄리는 고소하고 바삭한 맛으로 인기가 많은 과자입니다. 특히 짭짤한 숙성육이나 치즈, 올리브, 와인, 스프리츠 등과도 잘 어울리죠. 그래서 그리시니나 포카치아처럼 아페리티보 시간에도 자주 등장합니다. 타랄리는 남부 이탈리아가 극심한 기근에 시달리던 15세기 무렵, 집에 겨우 남아있던 재료들을 섞어 만든 것으로부터 탄생했다고 알려져요. 배를 채우기 위해 만들어진 타랄리였지만 지금은 대중적인 과자로 많은 사람들의 사랑을 받고 있습니다.

토르체티가 지역에 따라 셀 수 없이 다양한 형태로 만들어지는 것만큼 타랄리 역시 그러합니다. 라드와 후추, 구운 아몬드를 넣어 만드는 나폴리식 타랄리 *Taralli napoletani*, 하얀 설탕 글레이즈를 입힌 달콤한 타랄리*Taralli glassati*, 작게 만든 타랄리*Tarallini*, 크게 만든 타랄리*Taralli grandi*, 코코아 가루와 향신료, 빈코토 *Vincotto*(발효되지 않은 포도즙을 오래 끓여 페이스트로 만든 것)를 넣은 타랄리*Taralli neri al vincotto*, 건포도와 양파를 넣은 타랄리*Taralli al calzone* 등 다양합니다.

고리 모양의 빵과 과자

토르체티도, 타랄리도 모두 반죽을 고리 모양으로 만든다는 점이 흥미로웠습니다. 작은 반죽들을 손으로 하나씩 다 밀고, 고리 모양으로 일일이 붙여야 하는 작업이 꽤 번거로운데도 말이죠. 생각해 보니 이렇게 고리 모양으로 만드는 빵이나 과자들이 꽤 있었습니다.

먼저 이 빵과 과자들이 왜 하필 고리 모양이었을까에 대해 다양한 이유를 생각해 볼 수 있습니다. 균일하게 굽기에 유리하다는 점, 걸어서 보관하거나 운반하기 편리하다는 점 등이 대표적인 이유예요. 같은 무게와 부피의 반죽을 둥글려 굽는 것보다, 고리 모양으로 만들어 구우면 열이 닿는 표면적이 증가해 바삭하게 만들기 쉽고, 속이 덜 익을 위험도 줄어듭니다. 게다가 가운데에 구멍이 있으면 막대나 끈에 꿰어 보관하기도 쉽습니다. 실제로 타랄리를 비롯해 뒤에서 소개할 몇 가지 빵과 과자들은 끈이나 막대에 꿰어 천장에 매달아 두기도 해요. 그럼 세계의 다양한 고리 모양 빵과 과자를 알아볼까요?

오바쟈넥*Obwarzanek*

가운데에 구멍이 뚫린 고리 모양으로, 베이글과 유사하게 생긴 오바쟈넥. 14세기부터 만들어졌다고 알려진 폴란드의 전통 빵이다. 폴란드의 크라쿠프*Kraków* 지역에서 쉽게 찾아볼 수 있는 길거리 간식이자 식사용 빵인데, 주로 광장에서 오바쟈넥이 가득 담긴 카트를 발견할 수 있다. 주로 발효한 반죽을 물에 데쳐 만들지만, 과자같이 바삭한 오바쟈넥도 있다. 발효하지 않은 반죽을 작은 고리 모양으로 만들어 데친 후 굽는 것인데, 끈에 꿰어둔 오바쟈넥이라는 뜻의 '오바쟌키 나 슈누르쿠*Obwarzanki na sznurku*', 성당 축일에 맞춰 장터에서 파는 오바쟈넥인 '오바쟌키 오드푸스토베*Obwarzanki odpustowe*' 등이 주로 작은 고리 모양의 과자를 끈에 꿴 것을 일컫는다.

무스토콜루라*Μουστοκούλουρα*

포도즙과 계피, 정향, 코냑 등을 반죽에 넣어 고리 모양으로 만들어 굽는 그리스의 포도 쿠키. 그리스의 포도즙 '무스토*Μούστος*'나 포도즙을 끓여 걸쭉하게 만든 시럽인 '페티메지*Πετιμέζι*'를 넣어서 만드는 것이 특징이다. 포도 수확기 직후부터 가을, 초겨울에 특히 많이 먹는 쿠키이지만 요즘은 연중 내내 그리스 빵집에서 쉽게 찾아볼 수 있다. 고리 모양이 대부분이나, 다양한 모양으로 만들 수 있다.

루이스레이칼레이파*Ruisreikäleipä*

특이하게 가운데에 구멍이 있는 납작한 핀란드의 호밀빵. 스웨덴의 크네케브뢰드처럼 생겼지만 크네케브뢰드가 크래커처럼 얇다면 루이스레이칼레이파는 조금 더 도톰한 빵에 가깝다. 루이스칼레이파는 구운 뒤 나무 기둥에 걸어 천장에 매달아서 숙성하고 건조시킨다. 고리 모양인 덕분에 천장에 매달아 둘 수 있고, 바닥의 오염이나 습기 등으로부터 안전하게 보관할 수 있었다고 한다.

시미트*Simit*

시미트는 튀르키예를 대표하는 국민 빵이다. 꼬거나, 꼬지 않고 둥글게 만든 반죽을 페크메즈*Pekmez*(포도즙을 끓여 걸쭉하게 만든 시럽)에 담근 뒤 깨를 묻혀 굽는다. 반죽은 밀가루, 물, 소금, 이스트만으로 만들어지며 고온의 화덕에서 단시간에 구워 겉은 바삭하면서 속은 촉촉한 식감을 만든다. 가느다란 고리 모양으로 만들기 때문에 더 바삭한 껍질을 만들기에 유리하다. 시미트는 길거리에서 간편하게 먹는 간식용은 물론 치즈, 잼, 올리브, 차 등과 함께 먹는 아침 식사용 빵으로도 사랑받고 있다. 지역에 따라 다양한 레시피가 존재한다.

로스키야스*Rosquillas*, 로스케테스*Rosquetes* 등

'작은 바퀴'라는 뜻의 로스키야스는 스페인 및 스페인 언어권의 다양한 고리 모양 과자를 뜻한다. 재료, 만드는 방법에 차이는 있지만 대부분 고리 모양이라는 점이 흥미롭다. 고리 모양 쿠키 위에 흰 아이싱을 바른 스페인의 '로스키야스 데 산타 클라라*Rosquillas de Santa Clara*', 치즈와 옥수수를 넣어 고리 모양으로 구운 온두라스의 '로스키야스 데 케소*Rosquillas de queso*', 고리 모양 반죽을 끓는 물에 담갔다가 굽는 칠레의 '로스카스 촌치나스*Roscas chonchinas*' 등이 있다.

Recipe

재료

중력분 300g, 물 150g, 설탕
10g, 인스턴트 드라이이스트
3g, 소금 한 꼬집, 실온
무염버터 100g

만드는 법

1. 볼에 버터를 제외한 재료를 모두 넣고 매끈하게
   반죽한 뒤, 마르지 않게 덮어 30분간 발효시킨다.

2. 발효된 반죽에 실온 상태의 부드러운 무염버터를
   넣고 한 번 더 매끈하게 반죽하고, 마르지 않게 덮어
   두 배 발효시킨다(약 1시간).

3. 반죽을 15~20g으로 분할하고, 손으로 밀어 길쭉하게
   만든 뒤 양 끝을 붙여 고리 모양으로 성형한다.

4. 성형이 완료된 반죽은 앞뒤로 설탕을 묻혀 오븐 팬
   위에 올린다.

5. 180도로 예열한 오븐에서 25~30분간 노릇하게
   굽는다.

☁ Tip

- 전통 방식과 다르게 버터를 반죽에 한꺼번에 넣고 반죽하는 것도 가능해요.
- 토르체티 위에 물을 뿌리고 설탕을 묻히면 굽는 동안 카라멜화가 일어나 더 바삭해요.
- 충분히 발효시킨 반죽으로 만들어야 가볍고 바삭하게 완성됩니다.

스폴리아텔라

Sfogliatella

이탈리아 나폴리의 조개 모양 페이스트리

이탈리아 남부, 특히 나폴리 지역에서 유명한 스폴리아텔라는 겹이 살아있는 바삭한 삼각형 과자입니다. 안에는 세몰라와 리코타로 만든 크림이 들어 있습니다. 모양이 마치 조개 같아서 많은 관광객이 조개 과자, 조개 빵이라고 부르기도 하지요. 사실 스폴리아텔라의 삼각형 모양은 수도원의 종, 수녀들의 모자에서 따온 것이라고 해요. 스폴리아텔라가 수도원에서 탄생한 과자라서 그렇습니다.

스폴리아텔라는 17세기 이탈리아 남부, 아말피*Amalfi*의 '산타 로사 수도원 *Monastero Santa Rosa*'에서 탄생했다고 알려집니다. 처음 만들어진 스폴리아텔라는 겹을 만든 바삭한 반죽 안에 세몰리나와 리코타, 말린 과일을 섞은 크림을 넣어 굽고, 위에 크레마 파스티체라*Crema pasticcera*(커스터드)와 아마레나 체리를 얹은 형태였다고 합니다. 그리고 스폴리아텔라라는 이름 대신 수도원의 이름을 따서 '산타 로사'라고 불렸습니다. 이 산타 로사가 얼마나 맛있었는지, 150년 동안이나 수도원 안에서만 만드는 비밀 레시피로 지켜졌다고 해요. 그런데 이 비밀 레시피가 수도원 바깥의 페이스트리 셰프 파스쿠알레 핀타우로*Pasquale Pintauro*에게 전해지게 되었습니다. 이후 그가 산타 로사의 레시피를 수정해 현재의 스폴리아텔라를 만들었다고 알려집니다. 그가 산타 로사 수도원 수녀의 조카였다는 설, 수도원에서 레시피를 판매했다는 설 등이 전설로 전해져요.

스폴리아텔라를 처음 보면 마치 크루아상처럼 많은 겹이 있어서, 버터 향이 가득하고 파삭파삭 가벼운 식감일 거라 기대하기 쉽습니다. 하지만 스폴리아텔라는 밀가루, 소금, 물만으로 반죽을 만들고, 얇디얇게 민 반죽에 돼지 기름인 라드*Strutto*를 발라서 겹을 만듭니다. 그래서 버터로 만든 페이스트리처럼 가볍고 바삭한 식감보다 조금 더 빳빳한, '까자자작'한 식감에 가깝습니다. 버터를 쓰지 않으니 버터의 맛이 나지 않는 것도 당연하죠. 게다가 안에는 리코타와 세몰리나, 설탕, 설탕에 절인 오렌지 껍질 등을 넣어 만든 크림이 들어가는데, 한국에서 흔한 조합이 아니다 보니 낯선 맛이라는 평가도 많습니다.

물론 요즘은 반죽에 라드 대신 버터를 쓰는 경우도 많고, 속에는 초콜렛, 라임, 살구, 커스터드 같은 달콤한 재료부터 살시챠*Salsiccia*, 살라미, 치즈 등의 짭짤한 재료까지 활용해 다양한 스폴리아텔라를 만든다고 합니다.

스폴리아텔라의 종류

이름은 비슷한데 전혀 다른 생김새의 스폴리아텔라도 있습니다. 이탈리아 남부 파스티체리아*Pasticceria*(페이스트리 가게)에 가면 분명 '스폴리아텔라'인데 생김새가 영 다른 과자를 보게 될 수도 있어요.

스폴리아텔라는 크게 네 가지로 나누어집니다. 첫 번째, '산타 로사*Santa Rosa*'입니다. 앞서 알아본 내용처럼 산타 로사 수도원에서 만들었다는 레시피 그대로 만든 거예요. 삼각형의 스폴리아텔라 위에 크림을 짜고, 진한 자주색의 아마레나 체리가 올라가 있습니다. 분명히 스폴리아텔라처럼 생겼는데 위에 크림과 체리가 올라가 있고, 이름이 '스폴리아텔라'가 아니라면 당황하지 마세요. 스폴리아텔라의 원조, '산타 로사'입니다.

두 번째, '스폴리아텔라 리치아*Sfogliatella riccia*'입니다. 이탈리아어 '리치아*riccia*'는 '곱슬거리는, 말린*curly*'이라는 뜻의 단어로 스폴리아텔라의 겹겹이 말려

있는 모양을 나타냅니다. 흔히 스폴리아텔라라고 했을 때는 대부분 이 스폴리아텔라 리치아를 뜻합니다. 실제로 스폴리아텔라 리치아는 아주 길고 얇은 반죽에 라드를 발라 데굴데굴 말아 원통형으로 만든 다음, 수직으로 잘라서 손으로 펼쳐 만듭니다. 마치 필로처럼 얇은 반죽에 유지를 발라 만들죠. 아마도 반죽을 말아서 굽기 때문에 '리치아'라는 이름이 붙은 게 아닐까 생각해 봅니다. 안에 들어간 재료의 이름이 따로 적혀 있지 않다면, 대부분의 스폴리아텔라 리치아 안에는 리코타와 세몰라, 설탕에 절인 오렌지, 레몬, 시트론 등의 껍질로 만든 클래식 조합의 크림이 들어있을 거예요.

세 번째, '스폴리아텔라 프롤라*Sfogliatella frolla*'입니다. '이게 스폴리아텔라라고?'할 수도 있을 정도로 스폴리아텔라 프롤라는 겹이 전혀 보이지 않는 둥근 모양의 파이입니다. 삼각형의 겹이 살아 있는 스폴리아텔라 리치아와 매우 다른 생김새를 지녔죠. 이탈리아어 '프롤라*frolla*'는 '부드러운, 잘 부서지는'이라는 뜻입니다. 이탈리아 제과에서 아주 흔하게 사용하는 '파스타 프롤라*Pasta frolla*'의 프롤라도 같은 뜻이에요. 파스타 프롤라는 밀가루에 버터, 설탕, 달걀을 넣어 만든 부드러운 쇼트 크러스트 페이스트리(밀가루에 버터, 물, 설탕 등을 넣어 만든 바삭한 파이 반죽)입니다. '크로스타타*Crostata*'라는 이탈리아식 타르트나 쿠키, 그리고 스폴리아텔라 프롤라를 만드는 데에도 사용합니다. 스폴리아텔라 프롤라 안에 들어가는 필링은 리치아와 같아요. 반죽을 길쭉하게 밀어 필링을 짜거나 얹고, 반을 접어 동그랗게 여며 닫습니다. 그리고 원형 틀로 잘라 둥근 모양으로 만들어 굽습니다. 스폴리아텔라를 전문으로 만드는 파스티체리아라면 항상 리치아와 함께 프롤라도 만들어 판매한다고 합니다.

네 번째, '코다 다라고스타*Coda d'aragosta*'입니다. 직역하자면 '랍스터의 꼬리'라는 뜻입니다. 이 버전은 정말 랍스터의 꼬리처럼 기존의 스폴리아텔라보다 훨씬 크고 길게 만드는 것이 특징이에요. 사용하는 반죽은 스폴리아텔라 리치아와 동일합니다. 다만, 더 길쭉하게 만들기 위해서 안에 별도의 슈 반죽*Pasta choux*을 짜서 구운 뒤, 굽고 나서 크림을 채우기도 합니다. 스폴리아텔라 리치아의 기본 필링이 리코타와 오렌지 맛이라면 코다 다라고스타는 주로 안에 크레마 파스티체라나 생크림을 넣는 것이 특징입니다. 마무리로 산타 로사처럼 제품 윗쪽에 크림을 한 번 더 짜고, 체리를 올리기도 합니다. 스폴리아텔라만 해도 이렇게 다양한 종류가 있다는 것이 정말 흥미롭습니다.

나폴리 디저트의 세계

이번엔 스폴리아텔라와 함께 사랑받는 나폴리의 디저트들을 탐험해 보겠습니다. 나폴리의 파스티체리아에 꼭 있는 디저트는 무엇일까요? 스폴리아텔라는 물론이고, 쇼케이스를 가득 채운 달콤한 나폴리의 디저트들은 이탈리아 사람들은 물론 관광객들의 발걸음까지 사로잡습니다.

제폴라 디 산 쥬세뻬*Zeppola di San Giuseppe*

슈 반죽을 둥글게 짜서 기름에 튀긴 다음, 크레마 파스티체라와 아마레나 체리를 올려 마무리하는 디저트. 레시피에 따라 튀기지 않고 오븐에서 구워내는 비교적 담백한 버전도 있다. 3월 19일 성 요셉의 날을 기념하며 만드는 디저트이지만, 인기가 많아 연중 내내 파스티체리아에서 만날 수 있다.

번역하자면 '눈송이'라는 뜻의 과자. 비교적 최신의 것으로, 2015년 페이스트리 셰프 치로 포펠라*Ciro Poppella*가 개발해 큰 인기를 얻었다. 부드러운 브리오슈 반죽을 슈처럼 작게 둥글려 구운 다음, 안에 리코타와 우유로 만든 크림을 넣고 윗쪽에 슈거 파우더를 뿌려 마무리한다. 눈송이처럼 희고, 가볍고, 달콤하다. 출시와 함께 큰 성공을 거두며 나폴리의 다양한 파스티체리아에서 비슷한 디저트를 만들기 시작했고, 대중적인 디저트로 자리 잡았다. 원조는 나폴리의 '파스티체리아 포펠라*Pasticceria Poppella*'에서 만날 수 있다.

바바*Babà*

아마도 한국인들 사이에서 가장 호불호가 갈리는 디저트 중 하나일 바바. 작은 컵에 부드러운 반죽을 넣어 발효시킨 후 구운 형태로, 머핀을 늘려놓은 것처럼 생겼다. 구운 빵은 럼 시럽을 묻히는 정도가 아니라 담가서 푹 적신다. 럼 시럽은 물, 설탕, 바닐라, 꿀, 오렌지와 레몬의 껍질 그리고 럼을 넣어 만드는데, 럼을 시럽에 넣고 끓이긴 해도 알코올 성분을 완전히 날릴 만큼 오래 끓이는 것이 아니므로 알코올 함량이 어느 정도는 남는다. 실제로 바바를 먹으면 강한 알코올이 느껴지기도 한다. 구운 빵을 럼 시럽에 담가 적시고, 손으로 가볍게 눌러 짜서 여분의 시럽을 제거한다. 크림이나 과일 등을 올려 토핑하기도 한다.

그라파*Graffa*

고리 모양으로 만들어 튀긴 도넛의 일종. 그라파는 독일식 도넛 '크라펜*Krapfen*'에서 유래한 것으로 알려진다. 18세기 나폴리는 스페인, 합스부르크-오스트리아 등 외세의 통치를 거쳤는데 이 무렵 크라펜이 나폴리에 전해졌다고 한다. 독일식 도넛이었던 크라펜이 이탈리아식으로 변형되어

지금의 그라파가 되었는데, 초기에는 독일식 빵답게 반죽에 감자, 라드 등을
넣어 만들기도 했으나 현대에는 버터, 달걀 등으로 대체하는 경우가 많다. 오래
발효시켜 가볍고 푹신한 반죽을 튀겨 설탕을 묻혀 완성한다. 주로 카니발 시즌에
즐기던 빵이었지만, 지금은 나폴리의 파스티체리아 어디서든 볼 수 있는 빵이다.

델리치아 알 리모네*Delizia al limone*

1978년 소렌토의 페이스트리 셰프 카르미네
마르주이요*Carmine Marzuillo*가 만든 디저트로, 나폴리 근교에
위치한 아말피의 레몬을 상징한다. '레몬의 기쁨'이라는 이름에 걸맞게 케이크를
구성하는 많은 요소에 다양한 형태의 레몬이 사용된다. 레몬 껍질, 레몬즙,
레몬으로 만든 술 '리몬첼로*Limoncello*'까지 그야말로 아말피 레몬에 대한
찬사가 담긴 케이크다. 레몬 제스트를 넣어 반구형으로 구운 스펀지케이크에
리몬첼로를 넣어 만든 시럽을 충분히 뿌려 적신다. 이후 레몬 크림, 레몬
커스터드를 케이크 안에 넣고, 마무리로 레몬 글레이즈를 입혀 크림과 레몬
제스트로 장식해 마무리한다.

Recipe

재료(12개 분량)

/반죽
강력분 500g, 물 250g, 소금
10g

/필링
세몰라 100g, 물 300g,
리코타 200g, 설탕 150g,
오렌지필 다진 것 30g,
시나몬 가루 1g, 바닐라
익스트랙트 적당량

/기타
실온 무염버터(혹은 라드)
250g

만드는 법

1. 반죽 재료를 모두 섞는다. 매끈하지 않아도 한
   덩어리로 뭉칠 정도가 되면 랩으로 감싸 냉장고에서
   1시간 정도 휴지시킨다.

2. 휴지시킨 반죽을 꺼내 밀대로 가로가 좁고 세로가
   긴 직사각형으로 얇게 민다. 두께는 1~2mm 정도로
   한다.

3. 얇게 민 반죽은 덧가루를 가볍게 뿌린 뒤 말거나
   접어서 랩으로 감싸고, 냉장고에서 30분간
   휴지시킨다.

4. 냄비에 필링용 세몰리나와 물을 넣어 10분 정도
   저으며 끓인다. 한 덩어리로 뭉치면 볼에 옮겨 담아
   충분히 식힌다.

5. 충분히 식힌 세몰리나에 리코타, 설탕을 넣어
   거품기로 골고루 푼다.

6. 부드러운 크림 형태가 되면 오렌지 필, 시나몬 가루,
   바닐라 익스트랙트를 넣고 섞어 필링을 만든다.

7. 휴지가 끝난 반죽을 조금씩 늘려 펼친 뒤 실온의
   무염버터를 반죽 전체에 골고루 펼쳐 바른다. 나머지
   반죽에 반복하여 진행한다.

8. 버터를 골고루 바른 반죽은 말아서 하나의 원통형
   반죽이 되도록 한 뒤, 랩으로 감싸 냉장고에서

30분간 휴지시킨다.

9. 반죽을 12조각으로 자르고, 손에 버터를 묻혀 겹이
   보이도록 원뿔 모양으로 반죽을 얇게 펼친다.

10. 반죽 안쪽에 만들어둔 필링을 넣고, 반죽 입구를
    닫아 오븐 팬에 올린다.

11. 230도로 예열한 오븐에서 20~25분간 색이
    나도록 굽는다. 충분히 식힌 뒤 슈거 파우더를 뿌려
    장식한다.

🍞 Tip

• 파스타 메이커를 사용하면 반죽을 펴는 작업이 훨씬 수월해져요.

• 산타 로사처럼 필링으로 커스터드를 사용해도 좋아요.

• 퍼프 페이스트리나 필로 반죽을 여러 겹 쌓아서 만 것으로 만들 수도 있어요.

슈마흔

Schmarren

오스트리아의 뒤죽박죽 팬케이크

'슈마흔' 또는 '슈마렌'으로도 읽는 이 팬케이크는 독일어로 '엉터리, 헛소리, 뒤죽박죽, 엉망진창'이라는 뜻입니다. '무슨 음식 이름이 이래?'라고 생각하셨나요? 저도 그랬습니다. 그렇지만 이 디저트가 어떻게 만들어지는지 알고 나면 이것만큼 잘 어울리는 이름은 없다고 납득하게 될 거예요.

오스트리아의 유명한 뒤죽박죽 팬케이크 슈마흔은 반죽을 팬에 부어 구운 뒤, 일부러 반죽을 잘게 쪼개어 만듭니다. 재료나 만드는 방법은 우리에게도 익숙한 '수플레 팬케이크'와 비슷한데, 수플레 팬케이크는 통실통실한 반죽을 그대로 동그랗고 예쁜 모양으로 구워내는 게 관건이라면 슈마흔은 동그랗게 구워진 반죽을 다 도로 찢어요. 그렇게 찢은 반죽에 슈거 파우더나 잼 등을 곁들여 먹습니다.

오스트리아 비엔나에서 꼭 먹어봐야 하는 디저트로 손꼽히는 '카이저슈마흔 *Kaiserschmarrn*'은 가장 유명한 슈마흔입니다. 오스트리아 황제(카이저) 프란츠 요제프 1세가 좋아했다고 알려져 황제의 슈마흔으로 이름 지어졌습니다. 사실 저는 카이저슈마흔으로 처음 슈마흔을 알게 되었어요. 황제에게 바친다고 해서 굉장히 잘 만든 고급스러운 모양일 것이라고 생각했는데, 반죽을 다 부수어 만든 생김새가 신기했습니다.

슈마흔 중에서도 특히 유명한 카이저슈마흔은 탄생설도 여러 가지입니다. 궁정 요리사가 팬케이크를 만들다가 찢고 말았는데, 다시 만들 시간이 없어 찢어진 팬케이크 위로 설탕, 건포도 등을 듬뿍 뿌려 임시방편으로 '엉터리*schmarren*'를 만들자 황제가 그것을 매우 좋아했다는 설, 입이 짧은 엘리자베스 황후를 위해 만들었으나 그녀가 먹지 않자 황제가 '그럼 버리는 것*schmarren*을 내가 먹겠다' 라고 하면서 맛보다가 그 맛에 푹 빠졌다는 설, 황제가 사냥을 갔다가 묵었던 별장에서 하인이 대접했던 슈마흔을 너무 좋아해서 카이저슈마흔이 되었다는 설 등입니다.

매체마다 다 조금씩 다른 버전의 카이저슈마흔 탄생 비화를 소개하고 있지만, 황제가 이걸 엄청나게 좋아했다는 점은 같습니다. 처음 보는 뒤죽박죽 팬케이크, 모양에 신경 쓰지 않아도 만들 수 있는 쉽고 맛있는 디저트입니다.

다양한 슈마흔의 세계

기본적으로 오스트리아 및 독일권에서는 팬케이크와 유사한 반죽을 팬에 굽고, 일부러 부수거나 잘게 찢어서 만드는 종류를 모두 '슈마흔'으로 지칭합니다. 그래서 슈마흔은 사용하는 재료나 곁들이는 재료에 따라 다양하게 존재해요.

카이저슈마흔*Kaiserschmarrn*

단단한 머랭, 흰 밀가루와 달걀, 설탕, 우유를 섞어 만든 반죽을 굽고, 잘게 찢어 슈거 파우더를 뿌려 마무리한다. 이 외에도 반죽에 아몬드, 건포도 등을 넣어 굽기도 한다. 조린 자두나 사과 소스, 다양한 과일 콩포트와 함께 낸다.

아펠슈마흔*Apfelschmarren*

반죽과 만드는 법은 카이저슈마흔과 거의 같으며, 버터나 기름을 두른 팬에 사과를 함께 넣어 굽거나 반죽에 잘게 자른 사과를 넣어 만든다. 사과 외에도 자두, 체리 등을 넣어 만들기도 한다.

토픈슈마흔*Topfenschmarren*

반죽에 오스트리아 치즈*Topfen*를 넣어 만드는 슈마흔.

에르다펠슈마흔*Erdäpfelschmarren*

익힌 감자를 라드, 양파 등과 볶으면서 으깨어 만든 슈마흔. 혹은 익힌 감자와
밀가루를 섞어 으깨듯이 볶기도 한다*Kartoffelschmarrn*.

슈테아츠*Sterz*

오스트리아 동남부 지역에서 유래한 슈마흔과 거의 유사한 음식. 호밀, 메밀,
스펠트밀*Spelt*, 폴렌타 등 다양한 종류의 밀가루를 사용해서 만든다. 밀가루(혹은
팬에 볶은 밀가루)에 끓는 소금물을 넣어 잘 섞은 다음 라드에 볶아서 덩어리로
만든다. 주로 설탕은 들어가지 않는다.

그리스슈마흔*Grießschmarren*

연질밀 세몰리나인 '바이젠그리스*Weizengrieß*'를 사용해 만드는 슈마흔.
카이저슈마흔처럼 머랭을 넣어 만들 수도 있지만 주로 우유, 버터, 설탕을 녹인
액체에 그리스를 부어 반죽을 만든 다음, 버터를 두른 팬에 노릇노릇하게 볶으며
잘게 부수어 조리한다.

저는 여러 슈마흔 중에서도 그리스슈마흔이 굉장히 새로웠습니다. 한국에서
접할 수 있는 세몰리나는 주로 경질밀인 듀럼밀을 굵게 제분한 가루인 경우가
많았는데, 연질밀 세몰리나는 처음 접했거든요. 제가 아는 세몰리나라고는 듀럼
밀을 거칠게 갈아 만든 이탈리아의 세몰리나뿐이었기 때문에, 심지어 '연질밀 세

몰리나’라는 건 틀린 표현인 줄 알았습니다. 그래서 그리스슈마흔을 좀 더 탐험해 보았습니다.

그리스란 무엇일까?

그리스슈마흔 덕분에 알게 된 새로운 재료, ’그리스*Grieß*’는 곡물을 거칠게 갈아 얻은 굵은 입자의 가루, 즉 ‘세몰리나’의 독일식 이름입니다. 보통은 세몰리나라고 하면 경질밀(듀럼밀)로 만든 것이 가장 흔하지만 세몰리나는 쌀, 옥수수, 보리 등으로도 만들 수 있습니다. ‘세몰리나’라는 단어는 ‘굵은 곡물’ 혹은 ‘갈아서 가루를 만들다’라는 뜻으로 사용하기 때문에 연질밀(소맥)도 굵게 갈아 가루를 만든다면 세몰리나로 불립니다.

연질밀은 우리가 흔히 빵을 만들 때 사용하는 흰 밀가루의 재료인 소맥을 뜻합니다. 특히 오스트리아, 독일 등의 지역에서는 이 연질밀로 만든 세몰리나를 다양하게 사용하는데, 보통은 그리스 앞에 정확한 단어를 붙여 경질밀인지, 연질밀인지를 구분합니다. 경질밀 세몰리나는 ‘하트바이젠그리스*Hartweizengrieß*’, 연질밀 세몰리나는 ‘바이흐바이젠그리스*Weichweizengrieß*’ 혹은 ‘바이젠그리스*Weizengrieß*’로 불러요. 오스트리아와 독일 지역에서는 연질밀 세몰리나를 우유, 설탕 등에 넣어 단맛이 나는 크림이나 디저트를 만드는 데 많이 사용합니다.

곱게 간 밀가루보다 굵은 입자의 그리스는 물이나 우유에 끓여도 풀처럼 질어지는 게 아니라, 점성이 있는 덩어리로 조리할 수 있습니다. 그래서 앞에서 살펴본 그리스슈마흔이나 그리스슈니튼*Grießschnitten*(우유에 그리스, 달걀 등을 넣어 만든 반죽을 익힌 다음 잘라서 튀김옷을 입혀 구운 것) 등에 자주 사용해요. 또 그리스 특유의 굵은 알갱이가 고운 밀보다 포만감을 주기 때문에 그리스브라이*Grießbrei*(그리스를 우유, 설탕, 버터에 넣고 끓여 만든 부드러운 죽) 등을 만드는 데에도 애용합니다.

여러분도 슈마흔을 만들 때 흰 밀가루와 연질밀 세몰리나를 각각 사용해 보세요. 분명히 다른 식감과 맛이 느껴질 거예요. 슈마흔은 만드는 데 시간도 오래 걸리지 않으니, 두 가지를 함께 만들어 비교하며 먹어도 재미있겠죠?

Recipe

재료

/A

달걀노른자 2개, 중력분 100g, 우유 150ml, 설탕 15g, 소금 한 꼬집, 바닐라 익스트랙트 적당량

/B

달걀흰자 2개

/기타

버터 20g, 장식용 건포도, 슈거 파우더, 애플 소스(혹은 사과잼)

만드는 법

1. 볼에 재료 A를 모두 넣어 골고루 잘 섞는다.
2. 다른 볼에 달걀흰자를 넣고, 단단한 뿔이 생기도록 휘핑한다.
3. A에 B를 넣어 머랭이 꺼지지 않도록 재빠르게 섞는다.
4. 달군 팬에 버터를 올려 녹이고, 준비한 반죽을 모두 부어 중불에서 3~5분 정도 둔다. 이때 취향에 따라 건포도 등을 올려 구워도 좋다.
5. 바닥이 어느 정도 노릇해지면 반죽을 뒤집어 반대쪽도 1~2분간 굽는다. 반죽을 4등분하여 뒤집으면 편리하다.
6. 뒤집개를 이용해 반죽을 원하는 크기로 부순 다음 그릇에 옮겨 담고, 슈거 파우더를 뿌려 장식한다.

Tip

- 팬케이크 믹스를 사용해서 만들면 더욱 간편해요.
- 모양에 신경 쓰지 않아도 되니 편안하게 만들어 보세요.

Chapter 4.

특별한 날의 빵과 과자

노이야스브레첼
Neujahrsbrezel
독일의 새해 빵

노이야스브레첼은 독일어로 '새해의 브레첼*New Year's brezel*'이라는 뜻으로, 독일 남부에서 새해를 기념해 먹는 빵입니다. 몇 년 전 청룡의 해를 맞이하며 새해의 빵을 굽고 싶었는데, 다른 나라에서 어떤 새해 빵을 먹는지 찾아보다가 노이야스브레첼을 발견했어요. 용 모양은 아니지만, 땋아 올린 반죽의 모양과 큼직한 크기가 딱 청룡의 해와 어울려서 재미있게 만들어봤던 기억이 납니다.

독일에서는 새해의 행운과 건강을 기원하며 노이야스브레첼을 가족들과 나눠 먹거나, 이웃에게 선물하기도 합니다. 특히 노이야스브레첼에는 땋은 반죽을 붙여 굽는 경우가 많은데, 단순한 장식이 아니라 운과 건강이 끊임없이 이어지기를 바라는 의미가 있습니다. 그래서 1월 1일 새해 아침에 노이야스브레첼을 나눠 먹는 것이 행운을 나눠 먹는다는 상징이라고 합니다. 우리가 새해 아침에 떡국을 먹는 것처럼 말이에요.

연말과 새해 기간이 되면 독일 남부의 베이커리에서는 다양한 노이야스브레첼을 만들어서 판매합니다. 크기는 작은 것부터 무게가 1kg이 넘는 것도 있다고 해요. 땋은 반죽뿐 아니라 새해의 숫자를 반죽으로 장식해서 붙이기도 하고, 우박 설탕을 뿌려서 더 달콤하게 만들기도 합니다.

보통의 브레첼과 노이야스브레첼

노이야스브레첼은 우리에게 익숙한 브레첼과는 사뭇 다른 점이 많아요. 우리가 흔히 알고 있는 독일의 브레첼은 주로 손바닥만 한 크기로 만드는데, 노이야스브레첼은 가족이나 이웃과 새해에 나눠 먹는 빵이어서 아주 크게 만든답니다. 매일 먹는 작은 브레첼과는 달리, 새해의 행운을 비는 상징으로 큼직하게 만들어 먹는 거죠.

또 하나의 큰 차이점은 일반 브레첼 반죽보다 더 부드럽고, 달콤하게 만든다는 점입니다. 밀가루, 물, 이스트와 약간의 유지로 만드는 일반 브레첼과 달리 노이야스브레첼은 마치 브리오슈처럼 많은 양의 달걀, 버터, 우유와 설탕을 넣어서 만들어요. 그래서 전반적으로 담백하면서 군데군데 짭짤한 맛이 나는 브레첼에 비해 노이야스브레첼은 달콤한 맛이 난답니다. 재료의 차이 때문에 식감도 크게 달라지는데, 노이야스브레첼은 단단하고 쫄깃한 식감의 일반 브레첼보다 훨씬 부드러워요.

마지막으로 가장 큰 차이점은 라우게*Lauge*(잿물, 가성 소다)의 사용 여부에요. 일반 브레첼은 대부분 가성 소다와 같은 알칼리성 용액에 반죽을 잠깐 담갔다가 굽기 때문에 특유의 윤기 나고 진한 갈색 껍질을 지닙니다. 브레첼만의 특별한 향과 맛도 다 이 라우게 처리에서 비롯된답니다. 하지만 노이야스브레첼은 라우게 처리를 하지 않고 굽는 경우가 많아요. 라우게에 담그는 대신 달걀물을 발라서 노릇하게 만들기 때문에, 평소에 알던 브레첼과는 사뭇 다른 빵처럼 느껴질 수도 있어요. 그래도 브레첼처럼 양팔을 꼬아서 모양을 만드는 건 똑같답니다.

'브레첼'의 진짜 의미

우리나라 베이커리에서 '브레첼' 혹은 '프레첼'이라고 한다면 대부분 가성 소다에 담가서 구운 독일식 빵을 일컫습니다. 하지만 '브레첼'이라는 단어는 특정한 재료나 조리법이 아닌, 두 팔을 교차시켜 만든 '형태' 자체를 뜻한답니다. 그래서 우리나라에서 익숙한 브레첼과는 재료나 모양이 달라도, 꼬아 만든 형태라면 독일에서는 '브레첼'이라는 이름이 붙는 경우가 많아요

원래 브레첼이라는 이름은 라틴어로 '팔' '작은 팔'을 뜻하는 'brachium' 'bracchiolum'에서 유래한 것으로 알려져 있어요. 기도하듯 두 팔을 교차한 모습에서 유래한 빵이죠. 따라서 가성 소다 처리를 하지 않더라도 두 팔을 꼰 듯한 모양으로 만든 빵이라면 브레첼로 불릴 수 있습니다. 예를 들어 페이스트리 반죽을 꼬아서 만든 플룬더브레첼*Plunderbrezel*, 그리고 노이야스브레첼도 가성 소다를 사용하진 않지만 팔을 꼬아 만든 빵이기 때문에 '브레첼'이라는 이름을 가지고 있습니다. 베이커리에서 자주 볼 수 있는 긴 막대 모양 '브레첼'의 진짜 이름은 '라우겐슈탕에*Laugenstange*(반 갈라서 차가운 무염버터와 소금 솔솔 뿌려 먹으면 정말 맛있는 빵!)', 브레첼처럼 가성소다에 담가 구운 작고 동그란 빵의 진짜 이름은 '라우겐브뢰첸*Laugenbrotchen*'입니다.

라우겐브뢰첸

라우겐슈탕에

Recipe

재료

/코흐슈투크(우유 탕종)
중력분 15g, 우유 75g

/본 반죽
코흐슈투크 전량,
중력분 450g, 인스턴트
드라이이스트 4g, 실온
무염버터 70g, 소금 5g, 설탕
25g, 실온 달걀 1개(약 50g),
실온 우유 120g, 물 45g,
달걀물 적당량

만드는 법

코흐슈투크

1. 냄비에 모든 재료를 넣고, 중불에서 계속 저으며 65도 정도로 데운다.

2. 걸쭉해지면 불에서 내린 뒤 계속 저어 꾸덕한 겔 형태로 만든다.

3. 볼에 옮겨 담고 랩으로 덮어 냉장고에서 식힌다.

본 반죽

1. 볼에 본 반죽 재료를 모두 넣어 매끈하게 반죽하고, 마르지 않게 반죽을 덮어 두 배로 발효시킨다(약 1시간).

2. 반죽은 110g 3개와 나머지 반죽으로 분할해서 둥글리고, 15분간 휴지시킨다.

3. 가장 큰 반죽을 길게 늘여 오븐팬 위에 두고 팔을 꼬아 성형한다. 아래쪽은 평평하게 만든다.

4. 작은 반죽 3개를 균일하고 길게 늘여 땋는다.

5. 브레첼의 아래쪽에 물이나 달걀물을 얇게 바르고 땋은 반죽을 올린다.

6. 달걀물을 골고루 바르고 랩으로 덮어 40분~1시간

발효시킨다.

7. 반죽 위에 달걀물을 한 번 더 바르고, 반죽 바닥은
   포크로 가볍게 구멍을 낸다.

8. 200도로 예열한 오븐에 넣어 노릇해지도록
   20~25분간 굽는다.

• 노이야스브레첼은 크기가 꽤 큰 편이라서, 넉넉한 크기의 오븐팬을 준비해 주세요.

• 굽기 전에 달걀물을 바르고 우박 설탕이나 아몬드 슬라이스를 뿌려서 구워도 좋아요.

• 마지팬이나 아몬드 크림을 반죽 안에 바르고, 말아서 구워도 좋아요.

셈라

Semla

스웨덴의 크림 듬뿍 빵

셈라는 스웨덴에서 사랑받는 크림빵의 일종입니다. 카다멈을 넣은 부드러운 빵을 반으로 갈라, 그 안에 아몬드 페이스트와 휘핑크림을 듬뿍 채우고 슈거 파우더를 뿌려 마무리해요.

오늘날 우리가 아는 셈라는 과거의 모습과는 꽤 다릅니다. '셈라'라는 이름은 고운 밀가루를 뜻하는 라틴어 'simila', 독일어 'semel'에서 유래했는데, 원래는 속을 채우지 않은, 고운 밀가루로 만든 희고 둥근 밀 빵을 뜻했어요. 때로는 셈라를 따뜻한 우유에 담가서 부드럽게 만들어 먹기도 했는데 이러한 조리법을 '헤트베그*Hetvägg*'라 불렀습니다. 처음에는 단순히 셈라에 우유를 부어 먹는 방식이었지만, 점점 여기에 아몬드나 크림, 설탕 등이 추가되면서 풍성한 모양으로 진화하게 되었죠.

말만 들어도 칼로리가 꽤 높아 보이죠? 매일 먹으면 안될 것 같은 빵인데, 재미있게도 스웨덴에는 셈라를 맘껏 먹을 수 있는 날이 있어요. 이날에 관해서는 뒤에서 다루고, 먼저 셈라가 어떤 빵인지부터 탐험해 봅시다.

셈라의 진화

　요즘은 희고 고운 밀가루나 우유 같은 재료들을 손쉽게 구할 수 있지만, 중세 시대에는 매우 귀한 재료였기 때문에 셈라나 헤트베그는 귀족이나 왕실에서만 맛볼 수 있는 음식이었어요. 처음에는 우유만 부어서 즐기던 셈라에 여러 재료들이 추가되면서 더 맛있게 만드는 레시피들이 생겨나기 시작합니다. 아래는 1755년 기록된 스웨덴의 요리사 카이샤 바르그*Cajsa Warg*의 아주 번거롭고, 아주 호사스러운 헤트베그 레시피예요.

1. 작고 둥근 빵을 준비해 윗면을 둥글게 잘라내고, 속을 모두 파낸다.
2. 우유에 파낸 빵 속을 넣고 숟가락으로 잘 으깬다.
3. 달걀, 껍질을 벗긴 아몬드를 곱게 간 것과 설탕, 녹인 버터와 소금을 약간 넣는다.
4. 잘 섞어서 약한 불에 올려 굳지 않도록 데운다.
5. 이 혼합물을 비워둔 빵 안에 채우고, 잘라두었던 윗부분 뚜껑을 다시 덮는다.
6. 실로 단단히 묶어 뚜껑이 고정되도록 한다.
7. 빵을 넓은 냄비에 나란히 넣고, 우유를 붓되 빵이 잠기지 않을 정도로만 넣는다.
8. 뚜껑을 덮어 약 30분간 끓인다.
9. 다른 냄비에 우유, 설탕, 버터를 넣어 끓인다. 노른자를 넣어 풀어준다.
10. 깊은 접시에 실을 제거한 빵을 담고, 따로 끓인 소스를 빵 위에 붓는다.
11. 남은 소스는 그릇에 따로 담아 숟가락으로 함께 곁들인다.

《젊은 여성을 위한 가정생활 가이드(Hjelpreda i Hushållningen för Unga Fruentimber)》 중에서

　레시피만 봐도 아무래도 손이 많이 갑니다. 직접 만들어 먹기보다는 누군가 만들어줘야 할 것 같고요. 그러다 보니 점점 그 형태가 간소화된 게 아닐까 생각해봅니다. 그래서 빵을 우유에 담가 먹는 헤트베그가 점점 빵 안에 재료를 채운 형태로 발전되었고, 그렇게 빵 안에 아몬드 페이스트와 크림을 넣어 먹는 방법이 자리 잡게 된 것이죠. 이게 바로 오늘날 우리가 아는 셈라입니다.

셈라를 맘껏 먹는 날, 페티스다겐

스웨덴에는 공식적으로 셈라를 맘껏 먹을 수 있는 날이 있습니다. 바로 '페티스다겐*Fettisdagen*', 번역하자면 '뚱뚱한(기름진) 화요일'입니다. 사실 '뚱뚱한 화요일'은 스웨덴뿐만 아니라 가톨릭 문화의 유럽 곳곳에서 지키는 전통이에요. 가톨릭에서 사순절을 시작하기 전, 마지막으로 풍족하게 먹고 즐기는 날이죠. 원래 사순절 하루 전은 '참회의 화요일*Shrove Tuesday*'이었습니다. 어쩌다 '참회의 화요일'이 '뚱뚱한 화요일'로 바뀌게 된 걸까요?

사순절은 부활절에 앞서 예수 그리스도의 고난과 희생을 묵상하며 금욕, 절제하는 40일간의 기간입니다. 중세 시대에는 사순절이 고기, 유제품, 알콜, 지방 등을 금하는 금식 기간이었습니다. 그러니 사순절이 시작되기 전 집에 있던 달걀, 버터, 설탕 등을 다 소진해야 했죠. 거기다 오랫동안 기름지고 달콤한 것들을 못 먹는다는 아쉬움에 사순절 전날에 기름진 음식들을 잔뜩 먹기 시작했다고 알려집니다.

'뚱뚱한 화요일'이라는 단어는 처음 들어 봤어도 '카니발*Carnival*'이라는 단어는 익숙할 거예요. 흔히 화려한 퍼레이드를 뜻하기도 하죠. 사실 카니발은 라틴어 'carne vale' 혹은 'carne levare'에서 비롯되었는데, 이건 '고기를 떠나다' '고기를 제하다'라는 뜻입니다. 사순절 기간에 금욕하며 고기를 떠난다는 뜻이죠. 사순절을 앞두고, 금욕의 기간에 앞서 폭풍 같은 자유의 시간을 즐기던 전통이 바로 이 카니발과 뚱뚱한 화요일이랍니다. 내일부터 다이어트를 하겠다고 결심하며 '오늘은 먹자!'라고 외치는 상황을 떠올리면 이해하기 쉬울 거예요.

저는 뚱뚱한 화요일이라는 전통을 폴란드에서 알게 됐어요. 폴란드 친구 집에 놀러 갔더니, 오늘은 '퐁첵*Pączek*(폴란드식 도넛)'을 많이 먹어야 하는 날이라며 손바닥만큼 큰 도넛을 잔뜩 대접하는 게 아니겠어요? 적어도 다섯 개는 먹어야 집에 보내준다고 장난치는 친구 앞에서 겨우 두 개를 먹는 데 성공했던 기억이 납니다. 알고 보니 그날이 폴란드의 '뚱뚱한 화요일'이었습니다. 폴란드에서는 화요일이 아니라 목요일Tłusty czwartek로 지켜서 목요일이기는 했지만요.

이처럼 뚱뚱한 화요일은 스웨덴뿐만 아니라 유럽 각지에서 즐기는 날입니다. 지역마다 다른 음식을 먹긴 해도 대부분 기름에 튀기거나, 크림이나 설탕을 많이 넣은, 아주 기름진 음식을 먹는다는 점은 같죠. 뚱뚱한 화요일을 기념하는 각국의 다양한 음식을 소개합니다.

라스키아이스풀라*Laskiaispulla*(핀란드)

셈라와 비슷한 핀란드의 빵. 취향에 따라 빵 안에 아몬드 페이스트나 라즈베리 잼을 넣어 만든다. 빵의 윗면에 아몬드 슬라이스를 붙여 굽기도 한다.

페스티라운스볼러*Fastelavnsboller*(노르웨이)

셈라와 비슷한 노르웨이의 빵.

페스트라운스볼레*Fastelavnsbolle*(덴마크)

덴마크의 페스트라운스볼레는 다양한 형태를 지닌다. 스웨덴의 셈라와 비슷한 형태도 많지만, 반죽 안에 커스터드나 바닐라 크림 등을 넣어 둥글게 구운 빵 위에 초콜릿이나 아이싱을 올린 것도 대중적이다. 페이스트리로 만든 데니쉬 위에 크림과 다양한 토핑을 올리는 경우도 있다.

퐁첵*Pączek*(폴란드)

폴란드를 대표하는 도넛으로, 달걀, 설탕, 버터 등을 넣은 부드럽고 달콤한 반죽을 튀긴 다음 잼이나 필링을 채워 넣은 것. 장미잼을 넣은 것이 특히 맛있다.첵의 윗쪽에는 슈거 파우더를 뿌리거나, 설탕 아이싱과 오렌지 필로 장식하기도 한다.

팬케이크*Pancake*(영국)

영국에서 참회의 화요일에 팬케이크를 먹기 시작한 것은 달걀, 버터, 설탕 등을
한 번에 써버리기 가장 쉬운 방법이었기 때문이라는 설이 전해진다. 영국의
팬케이크는 주로 도톰한 것보다 '크레페'처럼 얇은 형태로 굽는다.

크레페*Crêpes*, 베녜*Beignets*, 고퍼*Gaufres*(프랑스)

프랑스는 뚱뚱한 화요일에 먹는 음식이 지역마다 다양하다.
프랑스 북부에서는 고퍼(와플)를, 남서부 지역에서는 다양한
베녜(도넛)를, 르타뉴(Bretagne) 지역에서는 크레페를 즐긴다. 사진은 베녜.

끼아끼에레*Chiacchiere*, 카스타뇰레*Castagnole* 등(이탈리아)

다양한 형태의 튀긴 반죽을 슈거 파우더나 설탕 등으로 장식한 형태.
사진은 끼아끼에레.

킹 케이크*King cake*(미국)

뚱뚱한 화요일은 주로 유럽 가톨릭 국가의 문화이지만,
과거 프랑스령이었던 미국 루이지애나 지역에서는
전통적으로 이날을 기념한다. 달콤한 반죽 안에 시나몬 필링이나 크림치즈
등을 넣어 링 모양으로 말아 구운 뒤 노랑, 초록, 보라색의 설탕으로 장식한 킹
케이크가 대표적인 빵이다. 케이크 안에 작은 플라스틱 아기 인형이 들어 있는
경우도 있다.

Recipe

재료

/반죽
강력분 200g, 설탕 30g,
소금 2g, 고당용 인스턴트
드라이이스트(골드) 4g,
카다멈 가루 1~2g, 실온
무염버터 30g, 우유 120g

/아몬드 필링
아몬드 분말 70g, 슈거
파우더 50g, 우유 약 60g,
구운 아몬드 40g

/크림
휘핑크림 200g, 설탕 약 20g

/기타
달걀물, 장식용 슈거 파우더

만드는 법

1. 볼에 반죽 재료를 모두 넣어 매끈하게 반죽한다.

2. 마르지 않게 덮어 따뜻한 곳에서 30분간
   발효시킨다.

3. 60g씩 반죽을 분할하고 오븐 팬에 올려 마르지 않게
   덮은 뒤, 두 배로 발효시킨다(약 90~120분).

4. 달걀물을 얇게 발라 180도로 예열한 오븐에 넣어
   10~13분간 굽는다.

5. 구운 아몬드를 잘게 다져 나머지 아몬드 필링 재료와
   잘 섞어둔다.

6. 크림 재료는 미리 섞어 휘핑하고, 깍지를 끼운
   짤주머니에 옮겨 담는다.

7. 완전히 식은 빵의 위쪽을 자르고, 아몬드 필링과
   휘핑한 크림을 각각 짜서 올린 뒤 슈거 파우더를
   뿌려 장식한다.

☁ Tip

- 카다멈 홀(통 카다멈 씨앗)을 구매했다면, 향신료 분쇄기나 커피 그라인더에 갈아 체 쳐서
  사용해요.
- 구운 아몬드가 없다면 아몬드 분말의 양을 늘려 사용하세요.
- 빵 안에 커스터드나 카라멜, 초콜렛 가나슈 등을 추가해도 좋아요.

스트루폴리

Struffoli

이탈리아의 알록달록 구슬 과자

　이탈리아 나폴리의 구슬 모양 도넛인 스트루폴리는 반죽을 작고 동그랗게 튀겨낸 다음 시럽에 묻히고, 스프링클을 뿌려 장식하는 디저트입니다. 주로 카니발이나 크리스마스 등에 즐겨 먹는데, 그릇에 가득 담아내기도 하지만 왕관처럼 가운데를 비워둔 고리 모양으로 내기도 해요. 위에는 스프링클과 함께 설탕에 절인 오렌지 필이나 체리 등을 올려 마무리합니다.

　스트루폴리의 기원은 정확하지 않지만, 고대 그리스인들이 이탈리아 남부와 시칠리아 지역을 점령했을 때 이탈리아에 전해진 것으로 보는 설이 가장 유력해요. ‘스트루폴리’라는 이름도 ‘둥글다’는 뜻의 그리스어 ‘스트론길리오스*στρογγυλος*’ 혹은 ‘문지르다, 비비다’라는 뜻의 이탈리아어 ‘스트로피나레 *strofinare*’에서 유래한 것으로 알려져 있습니다. 실제로 스트루폴리는 ‘둥근’ 도넛을 시럽에 ‘비벼서’ 만들거든요. 게다가 그리스의 전통 간식 중 하나인 ‘로쿠마데스*Λουκουμάδες*’와의 유사성도 있습니다. 로쿠마데스 역시 기름에 둥글게 튀긴 반죽을 꿀과 계피 등에 섞어서 먹는 것인데, 스트루폴리보다 조금 더 큼직한 반죽이긴 해도 만드는 법이나 구성이 매우 유사합니다.

　로쿠마데스의 초기 형태로 알려진 ‘엔크리데스*Εγκρίδες*(반죽을 튀겨 꿀과 함께 섞은 것)’는 고대 그리스의 문헌 여러 곳에서 발견됩니다. 전문가들은 이 엔크리데스가 로쿠마데스로, 로쿠마데스가 스트루폴리로 지역을 확장하며 각각의 모양과 만드는 법이 자리 잡은 것으로 유추해요. 그리스 로마권에서 중동, 인도, 유럽 전역으로 퍼지게 된 것이죠. 그래서 앞에서 소개한 이탈리아의 스트루폴리, 그리스의 로쿠마데스 뿐만 아니라 터키, 이집트, 시리아, 레바논, 그리고 인도까지 유사한 형태의 디저트가 존재합니다.

튀긴 밀가루 반죽에 꿀이나 시럽을 묻혀서 만드는 디저트는 한국에도 있죠. 바로 약과입니다. 스트루폴리가 낯선 분들은 납작한 꽃 모양이 아닌 동글동글 작은 모양의 약과라고 생각하시면 좀 더 친숙하게 느껴지실 거예요. 아니면 '오란다'라고 불리는 과자를 떠올려 보세요. 작고 동그란 과자들이 붙어있는 모양이 스트루폴리와 꽤 비슷합니다. 이렇게 서로 먼 나라에서 비슷한 방법으로 만든 비슷한 모양의 과자들이 있다니, 정말 신기합니다.

스트루폴리와 비슷한 세계의 과자들

스트루폴리를 탐험하면서 스트루폴리처럼 튀긴 반죽을 꿀이나 시럽에 묻혀 만드는 세계의 과자들이 꽤 다양하다는 점을 알게 되었어요. 기름에 튀긴 밀가루에 꿀, 시럽을 더하면 맛있다는 점엔 만국 공통으로 동의하는 것 같습니다.

피뇰라타 메시네제_Pignolata messinese_(이탈리아)
스트루폴리처럼 튀긴 반죽을 반은 흰 설탕 아이싱,
반은 초콜렛에 버무려 만드는 과자.

로쿠마데스_Λουκουμάδες_(그리스)
스트루폴리보다 더 크고 둥근 모양.
튀긴 반죽 위에 꿀과 계피 가루를 뿌리는 형태.

로크마*Lokma*(터키)

이스트를 넣어 발효시킨 반죽을 동그랗게 튀긴 것.

차가운 시럽에 잠깐 담가뒀다가 먹는다.

아와마عوامة(레반트 지역)

이스트를 넣어 발효시킨 반죽을

동그랗게 튀기고, 카다멈, 레몬 등을 넣은 시럽에 버무린다.

잘라비아زلابية(중동/북아프리카)

반죽을 둥근 모양으로 튀기거나,

흐르는 반죽을 레이스 모양으로 둥글게 튀겨 꿀을 바른다.

굴랍자문गुलाब जामुन(인도)

반죽에 볶은 밀가루, 기 버터, 카다멈을 넣어 만들고,

시럽에 카다멈, 사프론 등을 추가한다.

셰바키아الشباكية(모로코)

장미 모양으로 모양을 낸 반죽을 튀겨

꿀, 오렌지 꽃물을 섞은 시럽을 바르고 깨를 뿌린다.

툴룸바*Tulumba*(튀르키예, 그리스, 중동 등)

시럽에 적신 작은 츄러스와 비슷한 형태의 디저트.

지역에 따라 발라 엘 샴بلح الشام, 다틀리التطلي 등 다양한 이름으로 불린다.

약과(한국)

납작하게 모양낸 반죽을 튀겨
꿀, 설탕, 조청 등을 넣어 만든 청에 담가 만든다.

매작과(한국)

납작한 직사각형으로 잘라 매듭을 만든
반죽을 튀겨 설탕 시럽에 묻혀 완성한다.

꿀빵(한국)

팥소를 감싼 동그란 반죽을 기름에 튀겨
깨와 물엿을 섞은 시럽을 묻혀 만든다.

카린토かりんとう(일본)

반죽을 길쭉하게 빚어 튀긴 다음
흑설탕 시럽을 입힌 과자.

스트루폴리 vs 카스타뇰레

스트루폴리와 먹는 날도, 생김새도 비슷하지만 마무리가 다른 디저트도 있습니다. 바로 이탈리아의 '카스타뇰레*Castagnole*'입니다. 밤처럼 동그랗게 생겨서인지, 밤이라는 뜻의 이탈리아어 '카스타냐*Castagna*'를 작고 귀엽게 부르는 것이 이름이 되었습니다.

스트루폴리가 남부 이탈리아, 특히 나폴리나 캄파니아 지역에서 카니발이나 크리스마스 시즌에 많이 먹는 간식이라면, 카스타뇰레는 중북부 이탈리아 지역에서 주로 카니발 시즌에 먹는 간식입니다. 리구리아, 로마냐, 베네토 등의 지역에서 오래 전부터 즐겨왔다고 알려져 있죠.

카스타뇰레 역시 스트루폴리처럼 반죽을 동그랗게 빚어 기름에 튀기는 도넛의 일종입니다. 하지만 카스타뇰레는 스트루폴리처럼 마지막에 꿀이나 시럽을 더하기보다는 설탕이나 슈거 파우더 등으로 마무리합니다. 크기도 스트루폴리가 구슬처럼 작고 동그란 반죽이라면, 카스타뇰레는 조금 더 큼직한 공 모양입니다. 그렇다 보니 식감에도 차이가 생기는데, 스트루폴리는 좀 더 바삭함이 강하고 카스타뇰레는 부드럽습니다. 카스타뇰레를 부드럽게 만들기 위해서 리코타를 넣어 만들기도 해요. 쉽게 말해 카스타뇰레는 설탕을 묻힌 폭신한 케이크 도넛입니다. 스트루폴리는 스프링클, 설탕에 절인 건과일 등을 사용해서 맛을 더하지만 카스타뇰레는 안에 커스터드나 초콜릿을 채우기도 합니다.

첫눈에 보기엔 스트루폴리가 무척 화려해 보입니다. 알록달록한 스프링클에 건과일까지 있어 눈이 즐겁죠. 카스타뇰레는 그에 비해서는 살짝 밋밋해 보이는, 비교적 평범한 외관을 지니긴 했지만 하나 집어먹으면 꿀이나 시럽이 끈적한 스트루폴리보다 좀 더 깔끔하게 먹기 좋아요. 어느 것이든 달콤한 반죽을 기름에 튀긴 것이니 무조건 맛있는 맛일 거예요. 바삭한 스트루폴리냐, 부드러운 카스타뇰레냐, 다음 카니발 시즌에는 무얼 만들어야 할지 벌써 고민입니다.

Recipe

재료

/반죽
박력분 140g, 달걀 1개(약 50g), 식물성 오일 15g, 설탕 15g, 소금 한 꼬집

/시럽
꿀 50g, 설탕 50g

/기타
튀김용 기름, 스프링클, 견과류(헤이즐넛, 아몬드 등), 절인 과일(캔디드 오렌지 필, 체리 등)

만드는 법

1. 볼에 박력분을 제외한 모든 반죽 재료를 넣고 골고루 섞는다.

2. 모든 재료가 골고루 섞이면 박력분을 넣어 주걱으로 가볍게 섞고, 작업대로 옮겨 치대며 한 덩어리로 매끈하게 반죽한다.

3. 밀대로 반죽을 얇게 밀어 편다. 두께는 5mm 정도면 충분하다.

4. 칼을 이용해 반죽을 수직으로 길게 자른 뒤, 다시 수평으로 잘라 작은 조각으로 만든다.

5. 냄비에 튀김용 기름을 넉넉하게 부어 예열하고, 반죽을 노릇노릇하게 튀긴다. 튀긴 반죽은 키친 타월을 깐 접시 위에 올려 여분의 기름을 제거한다.

6. 다른 냄비에 시럽 재료를 넣어 약한 불에서 녹이며 섞는다.

7. 시럽이 완성되면 튀겨둔 반죽, 견과류, 절인 과일, 스프링클을 함께 넣고 골고루 섞어 시럽을 묻힌다.

8. 그릇에 리스 모양으로 얹거나, 유산지 컵에 조금씩 담는 등 원하는 모양으로 담아낸다.

마주렉

Mazurek Wielkanocny

한 폭의 그림 같은 폴란드의 부활절 타르트

폴란드의 부활절 식탁에서 빼놓을 수 없는 마주렉은 평평하고 납작한 모양의 타르트로, 안에는 필링을 채워 넣고 위를 건과일, 견과류 등으로 장식한 디저트입니다. 가톨릭 문화의 폴란드에서 부활절은 아주 중요한 날이에요. 그래서 마주렉에 십자가의 고통 끝에 부활한 그리스도와, 길고 매서운 겨울이 끝나고 찾아오는 봄의 의미를 담아 아주 화려하게 장식합니다.

'마주렉'이라는 이름은 폴란드 중부의 '마조비아*Mazovia*(현재 마조비에츠키에)' 지역에 거주하던 사람들을 일컫는 말인 '마주르*Mazur*'에서 유래했다고 알려집니다. 쇼팽의 아름다운 폴란드 무곡 '마주르카'도 바로 여기서 비롯했어요. 실제로 폴란드에서는 부활절에 가족이 모여 마주렉을 함께 꾸미고, 나눠 먹습니다. 그래서 부활절 시기가 되면 각양각색의 마주렉을 소셜미디어 여기저기에서 만날 수 있어요. 폴란드의 일부 지역에서는 부활절을 맞이해 마주렉 경연대회를 열기도 합니다. 어린이나 청소년부터 18세 이상의 성인, 그리고 가족이 함께 만든 마주렉을 제출하면 심사위원단의 평가를 거쳐 우승자를 선발합니다. 마주렉의 맛과 향, 솜씨는 물론 마주렉 장식의 창의성과 개성도 꽤 중요한 평가 항목이라고 하네요.

마주렉은 풍성하게 과일이 올라간 타르트들과 비교한다면 2~3cm 정도의 두께로 조금 납작합니다. 그 위로 여러 재료로 장식을 올리지만 딸기 타르트, 망고 타르트처럼 재료나 크림을 쌓는 게 아니라 타르트를 캔버스 삼아 그림을 그리듯 만들죠. 전통적인 마주렉은 직사각형인 경우가 많지만, 현대에는 달걀 모양으로 둥글게 만들거나 원형으로 만들기도 합니다. 기본적인 구성은 밀가루에 버터, 달걀, 설탕을 넣어 반죽한 파이지, 그리고 그 안을 채우는 필링(주로 초콜릿 가나슈, 잼, 크림, 커드 등), 그리고 위쪽의 장식으로 이루어져 있습니다.

특별한 마주렉의 장식

세상에 정말 많은 종류의 타르트가 있지만, 마주렉의 장식은 정말 특별합니다. 저도 마주렉을 탐험하게 된 계기가 마치 한 폭의 그림처럼 꾸며진 타르트는 처음 봤기 때문이었어요. 사실 마주렉은 장식이 더해지지 않는다면 평범한 타르트와 비슷합니다. 바삭한 파이지, 맛있는 타르트 필링으로 구성된 그냥 맛있는 타르트일 뿐이죠. 마주렉을 마주렉으로 만드는 것이 바로 마주렉의 장식입니다. 오랜 시간 빵을 탐험하면서 아름답게 꾸민 디저트를 많이 봤지만, 마주렉처럼 타르트지를 캔버스로 쓰는 경우는 본 적이 없었어요. 인터넷에 검색해보면 액자에 걸어도 될 것처럼 근사하게 장식된 마주렉도 볼 수 있습니다. 마주렉의 구성 요소별로 어떻게 장식을 만들 수 있을지, 탐험하며 모은 내용들을 알려드립니다. 부활절이 아니더라도 만들어서 예쁘게 장식해 보세요. 아는 맛도 새롭게 보일 거예요.

타르트지

모양

· 가로와 세로의 길이가 비슷한 직사각형

· 세로가 훨씬 긴 모양의 직사각형

· 원형, 달걀 모양으로 만든 것 등

테두리 장식

· 포크로 눌러 무늬 내기

· 땋거나 꼰 반죽을 테두리에 올리기

· 작게 모양 낸 반죽을 군데군데 올리기

· 작고 동그랗게 반죽을 굴려 테두리에 붙이기

· 마지팬 반죽을 모양깍지로 테두리를 둘러 짜기 등

필링

· 가나슈: 다크, 밀크, 화이트 초콜릿 가나슈

· 가나슈 혼합: 화이트 초콜릿 가나슈+말차 · 라즈베리 · 피스타치오 등, 다크 초콜릿
  가나슈+에스프레소 샷, 가나슈+리큐르(럼, 아마레또, 아드보카트 등) 등

· 커드나 잼, 스프레드: 레몬 커드, 딸기잼, 복숭아잼, 누텔라, 타히니(참깨) 소스 등

· 크림: 마스카포네, 마스카포네+생크림, 마스카포네+헤이즐넛 · 피스타치오 스프레드 등

장식

· 꽃 모양: 아몬드 슬라이스나 크랜베리 등(꽃잎), 건포도나 체리, 건조 무화과(꽃의 가운데 부분),
  캔디드 오렌지 필, 식용꽃 등

· 부활절의 상징인 토끼나 달걀 모양 쿠키

· 작은 크기의 머랭 쿠키

· 견과류: 통 아몬드, 잣, 피스타치오 분태, 호두 분태, 아몬드 슬라이스 등

· 건과일: 건살구, 건무화과, 크랜베리, 건포도 등

· 초콜릿으로 글씨나 그림 그리기

· 달걀 모양의 알록달록한 초콜릿, 건조 장미잎, 석류알, 동결 건조 라즈베리, 코코넛 가루 등

폴란드의 부활절 케이크, 바브카

마주렉만큼이나 유명한 폴란드의 부활절 케이크 하나를 더 
소개합니다. 바로 '바브카*Babka*'입니다. 바브카는 크고 둥근 링
모양의 주름진 틀에 구운 케이크예요. 폴란드어로 '바브카'는
'할머니'라는 뜻인데, 주름 잡힌 틀에 구운 케이크가 마치 할머니의 치마 같아 붙
은 이름이라는 설이 가장 유력합니다. 마주렉만큼이나 바브카도 무척 중요한 폴
란드의 부활절 케이크입니다.

사실 폴란드에서 바브카는 파운드 케이크나 번트 케이크, 높은 모양으로 구운
케이크 등 폭넓은 뜻으로 사용됩니다. 마블 케이크도 '바브카 마무르코바*Babka
Mamurkowa*', 레몬 케이크도 '바브카 치트리노바*Babka Cytrynowa*', 파운드 케이
크도 '바브카 피아스코바*Babka Piaskowa*', 파네토네마저 '이탈리아 바브카*Włoska
Babka*'라고 부르니까요. 파네토네처럼 이스트로 발효시킨 '바브카 드로슈쥬바
Babka Drożdżowa'도 있습니다. 이 외에도 요거트를 넣어 부드럽게 만든 것, 양귀비
씨앗을 넣은 것, 아몬드를 넣은 것 등 바브카의 종류는 아주 다양합니다.

많은 바브카 중에서도 부활절의 바브카*Babka Wielkanocna*가 아마 가장 유명할
거예요. 우리나라 추석의 송편처럼, 폴란드 사람들이 아주 오래전부터 먹어온 케
이크이기 때문입니다. 최초의 바브카는 17세기부터 폴란드에서 만들어졌을 거라
는 추측이 있기도 해요.

부활절 바브카에 관한 흥미로운 옛날 이야기도 있습니다. 첫 번째는 바브카
가 구워지는 동안 남자가 부엌에 들어오면 반죽이 무조건 꺼진다는 설입니다. 그
래서 주방에서 바브카를 준비할 때는 주변에 남자(아마도 남편이겠죠?)가 있는지 꼭
확인하고 만들었다는 이야기도 있습니다. 두 번째는 부활절 바브카 굽기는 아주
세심하게 살펴야 하는 일이라서, 바브카가 오븐 안에서 구워지는 동안은 문을 쾅
닫거나, 목소리를 높이거나, 오븐을 열면 안된다는 설입니다. 심지어 만드는 사
람의 기분도 중요하다고 할 정도니, 그만큼 잘 만들기 위해 심혈을 기울였던 케

이크인 것 같습니다. 부활절을 맞이해서 값비싼 재료들을 듬뿍 넣어 만드는 케이크라, 실패하면 속이 많이 쓰렸을 겁니다. 저도 바브카, 파네토네 잘못 만든 날엔 그저 하염없이 눈물이 나거든요.

바브카를 만들 땐 버터를 넣어 굽기도 하지만 버터만큼이나 유채씨유 등 식물성 오일을 사용한 레시피도 대중적이에요. 부활절 바브카에는 케이크 윗쪽에 달걀 모양 초콜릿을 얹거나 알록달록한 스프링클을 뿌려 장식하기도 합니다. 대부분은 부활절 바브카로 바닐라를 넣은 기본 레시피를 굽지만, 요즘은 개성 있는 다양한 레시피도 인기라고 해요.

바삭한 타르트지와 화려한 장식을 보는 재미가 있는 마주렉과 부드럽고 푹신한, 큼직한 한 조각이 먹음직스러운 바브카. 여러분은 부활절의 케이크로 어느 것이 더 좋으신가요? 전 둘 다 하겠습니다.

Recipe

재료

/타르트지

차가운 무염버터 70g, 분당
20g, 중력분 130g, 달걀 1개,
소금 한 꼬집

/초콜릿 에스프레소 가나슈

다크 커버춰 초콜릿 150g,
생크림이나 휘핑크림 150g,
에스프레소 샷 30g

/장식용 재료

아몬드 슬라이스, 건과일,
피스타치오 등

만드는 법

1. 푸드 프로세서나 다지기(차퍼)에 타르트지 재료를
   넣고 골고루 섞는다.

2. 반죽이 조금씩 뭉치기 시작하면 작동을 멈추고
   꺼내어 가볍게 뭉쳐 한 덩어리로 만든다.

3. 반죽은 랩으로 싸서 냉장고에서 30분~1시간
   휴지시킨다.

4. 휴지가 끝난 반죽은 꺼내서 덧가루를 뿌린 작업대
   위에 올리고, 밀대로 얇게 밀어 원하는 모양으로
   만든다.

5. 반죽이 부풀지 않도록 포크 등으로 찍어 골고루
   구멍을 내고, 유산지와 누름돌을 얹어 180도에서
   25~30분간 굽는다.

6. 볼에 초콜릿과 크림을 담고 중탕이나 전자레인지
   등으로 녹여 잘 섞는다. 에스프레소 샷을 마지막에
   넣고 골고루 섞는다.

7. 충분히 식힌 타르트지 위에 가나슈를 평평하게
   붓는다.

8. 30분 정도 가나슈를 굳힌 다음 다양한 재료로
   윗면을 장식한다.

- 타르트 틀을 사용하거나, 틀 없이 모양을 잡아서 구워도 좋아요.

- 다양한 건과일이나 견과류로 장식을 완성해 보세요.

- 취향에 맞는 다양한 필링을 채워 만들어 보세요.

Today's special
moments
are tomorrow's
me

핫 크로스 번

Hot Cross Buns

모양과 맛에 반한 영국의 부활절 빵

핫 크로스 번은 영국에서 부활절 기간에 즐겨 먹는 부드럽고 향긋한 빵으로, 빵의 위쪽에 십자가를 그어 구운 것입니다. 주로 빵 안에는 건포도나 커런트*Currant*, 캔디드 오렌지 필과 다양한 향신료를 넣어 향긋하고 달콤한 맛이 납니다. 핫 크로스 번은 따뜻할 때 반을 갈라 버터를 발라 먹어요. 처음에는 빵 위에 십자가 무늬를 긋는 공정이 재미있어 보여서 호기심이 생겼는데, 완성된 빵의 부드럽고 향긋한 맛에 반하게 됐습니다.

핫 크로스 번은 14세기 영국의 세인트 앨번 성당*Cathedral and Abbey Church of St Alban*에서 시작되었다고 알려집니다. 세인트 앨번 수도원의 수도사였던 토마스 로클리프 형제가 다양한 향신료와 커런트를 넣어 '앨번 번*Alban bun*'을 만들었습니다. 1862년의 한 신문 기사에는 "1361년, 수도사 토마스 로클리프가 만든 십자가 표시를 한 작고 달콤한 향신료 케이크가 많은 이들에게 사랑받았다. 전국 곳곳에서 이 케이크를 따라 만들어보려고 시도했지만 레시피는 수도원 안에서만 지켜졌다."라는 기록도 있습니다.[21]

토마스 로클리프 형제는 앨번 번을 만들어 성 금요일*Good Friday*(부활절 이틀 전 그리스도가 십자가에 못 박혀 죽은 날을 기념하는 날)에 순례자나 성당을 찾은 사람들, 거리의 가난한 사람들에게 나눠 주었다고 합니다. 이 앨번 번이 시대를 거쳐 현대의 핫 크로스 번이 되었고, 부활절에 먹는 빵을 상징하게 된 듯 합니다. 사실 요즘은 사순절 기간부터 부활절까지는 물론 1년 내내 먹을 수 있지만요.

앨번 번 오리지널 레시피는 아직까지도 극비라 정확히 알려진 바가 없지만, 현대의 핫 크로스 번보다 더 강한 향신료 맛이 나고, 위쪽의 십자가 무늬를 칼집으로 만드는 차이가 있다고 해요. 요즘은 부활절 시즌이 되면 세인트 앨번 성당에서 인근 빵집에 약 3,000개의 앨번 번을 주문 제작해, 세인트 앨번 성당 내 카페에서 판매도 한다고 합니다. 원조 핫 크로스 번을 맛보고 싶으신 분들은 부활절 시즌에 세인트 앨번 성당을 방문해 보셔도 좋겠습니다.

빵 위에 그어진 십자가

핫 크로스 번은 향신료와 건과일을 넣은 빵, 그 위의 십자가 반죽, 그리고 마무리로 바르는 시럽 이렇게 세 가지로 구성됩니다. 무엇보다 핫 크로스 번을 핫 '크로스' 번 답게 만드는 것은 바로 이 십자가 반죽입니다. 앞에서 소개한 앨번 번은 십자가 모양을 칼집을 내어 만들었다면, 대부분 현대의 핫 크로스 번은 반죽 위에 흰색 반죽을 짜서 굽거나, 구워진 빵 위에 십자가 모양으로 아이싱을 올립니다.

십자가 무늬를 내는 반죽은 주로 흰 밀가루와 물을 적당히 섞어 농도를 맞춘 것입니다. 보통 발효가 모두 끝난 뒤, 오븐에 넣기 직전 짜서 굽습니다. 십자가 반죽을 짤 때는 빵 반죽과 분리된 것처럼 보이지만, 빵이 구워지는 동안 반죽에 착 달라붙어 하나로 구워져요. 여러 번 만들어보니 개인적으로 가느다란 십자가 장식이 좋아서 살짝 되직하게 만든 반죽으로 십자가를 긋습니다. 반죽이 너무 묽으면 빵 위로 퍼지거나 흘러서 십자가 무늬가 흐릿해지기도 하더라고요.

십자가 반죽은 사실 밀가루에 물을 섞은 것이다 보니, 밋밋한 맛이 나기도 합니다. 밋밋한 맛이 싫을 땐 밀가루 반죽 대신 코코아 파우더와 설탕을 넣어 검은

색 십자가를 그려도 좋고, 커스터드를 십자가 무늬로 짜서 달콤함을 더해도 좋습니다. 십자가 부분을 따로 쇼트 크러스트 페이스트리로 만들거나, 크림치즈와 슈거 파우더를 섞어 만든 크림치즈 프로스팅(아이싱)을 충분히 식힌 빵 위에 십자가 무늬로 짜 넣기도 합니다. 십자가 무늬 대신 X 모양이나 하트, 웃는 얼굴, 브레첼 모양, 알파벳을 새긴 버전도 있습니다. 십자가가 없어서 '낫 크로스 번'으로 부르긴 하지만요.

핫 크로스 번의 변신

핫 크로스 번은 종교적인 의미를 떠나 연중 많은 사람들이 즐기는 빵으로 자리 잡았습니다. 전통적인 향신료와 건과일 조합 외에도 매년 다양한 조합의 핫 크로스 번이 등장합니다. 영국, 호주 등의 유명 베이커리들은 물론 대형 마트 체인에서도 부활절 시즌을 겨냥해 매해 새로운 맛의 핫 크로스 번을 출시하고, 그해 최고의 핫 크로스 번을 선정한 기사들도 쉽게 접할 수 있습니다. 여러분도 만약 향신료와 건과일 조합을 즐기지 않는다면, 아래의 다양한 조합 중 한 가지로 시도해 보세요.

대형 마트 버전

· 건과일이 더 많이 들었거나, 하나도 없는 핫 크로스 번

· 초콜릿이 들어간 핫 크로스 번(라즈베리+화이트 초콜릿, 땅콩 버터 초콜릿, 초콜릿+퍼지, 다크 초콜릿+오렌지, 커피+초코칩 등)

· 과일이 들어간 핫 크로스 번(사과+시나몬, 루바브+커스터드, 레몬+블루베리, 시칠리아 레몬+레몬 커드, 딸기잼+클로티드 크림 등)

· 짭짤한 핫 크로스 번(체다+레드 레스터 치즈, 볶은 양파+고추+치즈, 치즈+토마토+오레가노 등)

· 기타(시나몬+크림치즈, 비건, 글루텐 프리 등)

베이커리 버전

· 장시간 발효하거나 사워도우로 만든 핫 크로스 번

· 크로아상이나 도넛, 브리오슈로 만든 핫 크로스 번

· 핫 크로스 번 위나 안에 아이스크림이나 젤라또를 함께 얹어 내는 메뉴

· 다양한 크림을 넣어 만든 핫 크로스 번(커스터드, 말차, 타로 등)

· 다양하게 절인 건과일로 만든 핫 크로스 번(포트 와인, 유자즙, 생강즙, 브랜디, 스타우트(흑맥주), 사과주,
  홍차 등)

· 다양한 시럽을 사용한 핫 크로스 번(커피 글레이즈, 차이 시럽, 흑설탕 시럽, 오렌지 시럽, 생강 시럽 등)

Recipe

재료(8개 분량)

/탕겔

강력분 10g, 끓인 물 50g

/본 반죽

강력분(K-블레소레이유)
200g, 설탕 20g, 소금 2g,
인스턴트 드라이이스트 3g,
향신료(시나몬, 넛맥, 카다멈 등)
3g, 달걀 1개(50g), 우유 50g,
물 약 20g, 실온 무염버터
15g, 불린 건포도 30g,
오렌지 필 큐브 30g

/십자가 반죽

강력분 20g, 물 약 30g

/기타

달걀물, 마무리용 시럽(꿀
혹은 살구잼과 물을 2:1로 섞은 것)
넉넉히

만드는 법

1. 탕겔 재료를 거품기로 충분히 저어서 잘 섞어
   식혀둔다. 주르륵 흐르는 정도면 적당하다.

2. 반죽기에 건포도와 오렌지 필, 무염버터를 제외한
   모든 재료를 넣어 매끈하게 반죽한다.

3. 어느 정도 글루텐이 잡히면 건포도, 오렌지 필과
   무염버터를 넣어 마저 반죽한다.

4. 반죽은 매우 질척일 수 있다. 덧가루를 가볍게
   사용하여 둥글린 다음 따뜻한 곳에서 두 배
   발효시킨다(약 1시간).

5. 55~60g의 8개로 반죽을 분할한다. 반죽이 질척이기
   때문에 덧가루를 적절하게 사용한다.

6. 분할한 반죽은 둥글려서 팬에 올리고, 마르지 않게
   덮어 따뜻한 곳에서 두 배 발효시킨다(약 1시간).

7. 십자가 재료를 잘 섞어 짤주머니에 담는다. 짤주머니
   입구를 너무 크게 자르지 않도록 주의한다.

8. 반죽 위에 달걀물을 얇게 바르고, 반죽 위쪽으로
   십자가를 그린다.

9. 200도로 예열한 오븐에서 15~20분간 굽는다.

10. 오븐에서 꺼내자마자 마무리용 시럽을 충분히 발라
    빵에 흡수되도록 한다.

- 일반 강력분을 사용하거나 손으로 반죽하는 경우, 우유나 물의 양을 줄여주세요.

- 너무 좁은 트레이에 반죽을 올려 발효시키면 모양이 찌그러질 수 있어요.

- 향신료나 건과일의 양이나 종류, 조합은 취향에 따라 조절해 주세요.

- 반을 갈라 토스트하고, 버터를 올려 먹어도 좋아요.

- 이 레시피는 일본에서 먹어보았던 아주 부드러운 핫 크로스 번을 떠올리며 고안한 것으로, 영국식 핫 크로스 번 레시피와는 차이가 있습니다.

파네토네
Panettone
이탈리아의 크리스마스 빵

　이탈리아의 북쪽, 밀라노에서 탄생한 파네토네는 이탈리아 크리스마스를 대표하는 빵입니다. 반죽에 다량의 버터, 달걀노른자, 설탕, 건포도와 캔디드 오렌지 필, 바닐라빈과 꿀을 넣고 원통형 틀에 넣어 굽는 부드럽고 향긋한 빵이에요. 이탈리아 북부에서는 크리스마스 시즌이 되면 마트는 물론 많은 베이커리에서 파네토네를 판매하기 시작합니다. 혼자서도 먹을 수 있는 작은 크기의 파네토네부터 온 가족이 나누어 먹는 거대한 파네토네, 대량 생산된 제품부터 전통 방식으로 만들어진 아티장 파네토네까지 정말 다양한 파네토네를 만날 수 있어요.

　전통 방식으로 만드는 파네토네는 리에비토 마드레*Lievito madre*, 혹은 파스타 마드레*Pasta madre*라고 불리는 단단한 발효종을 사용해서 반죽을 부풀립니다. 모든 빵이 그렇겠지만, 파네토네는 특히 시간과 정성이 더 많이 필요한 빵입니다. 파네토네용 발효종을 반죽에 넣기 전까지 준비하는 데 평균 10시간 이상, 잘 준비된 발효종을 넣어 첫 번째 반죽을 만들고 부풀리는 데 12시간 이상, 모양을 만들어 틀에 넣고 마지막으로 발효시키는 데에도 3시간 이상 걸리죠. 게다가 파네토네는 많은 양의 버터, 달걀노른자, 설탕을 넣어 반죽하는 빵이기 때문에 성능 좋은 장비를 사용하는 게 아니라면 반죽 상태를 꼼꼼하게 살피며 만들어야 합니다. 반죽이 재료를 충분히 흡수할 수 있도록 긴 시간 저속으로 반죽하며 만들죠. 여기서 끝이 아닙니다. 구워져 나온 파네토네는 거꾸로 뒤집어 충분히 식혀야 하는데, 뒤집어 식히지 않으면 부드러운 반죽이 식는 동안 푹 꺼지기 십상입니다.

반죽을 위한 발효종부터 굽고 마무리하는 데까지 오랜 시간과 공정마다 섬세한 정성이 필요하지만, 그만큼 맛있는 빵 파네토네. 요즘은 국내에서도 크리스마스 시즌에 '슈톨렌*Stollen*'과 함께 파네토네를 만나볼 수 있으니 궁금하신 분들은 한 번 드셔보세요. 하지만 버터, 달걀, 설탕 등이 상당히 많이 들어가기 때문에 한 번에 너무 많은 양을 먹지 않도록 주의하세요!

파네토네와 슈톨렌

크리스마스를 기념하는 세계의 다양한 빵이 있지만, 한국에서는 딸기 케이크 다음으로 슈톨렌을 떠올릴 것 같습니다. 오래전부터 크리스마스 시즌에 많은 베이커리에서 슈톨렌을 판매하면서, 이제 한국인에게 슈톨렌은 꽤 익숙한 크리스마스의 빵으로 자리 잡았습니다. 하지만 파네토네는 제대로 잘 만들기가 까다롭고, 아직 한국에서 대중적인 편은 아니기에 간혹 파네토네와 슈톨렌을 헷갈려 하는 분들이 있어요. 오른쪽의 표를 통해 두 가지 빵을 한번 비교해 보겠습니다.

사실 두 가지 빵을 제대로 알고 있다면 전혀 비슷하게 느껴지지 않을 거예요. 그만큼 파네토네와 슈톨렌은 각기 다른 매력이 있는, 아주 다른 빵입니다. 파네토네는 슈톨렌보다 훨씬 더 부드러운 빵에 가깝고, 럼과 향신료보다는 발효된 향과 오렌지 페이스트, 바닐라와 꿀이 파네토네의 향을 담당해요. 물론 파네토네도 레시피에 따라 일부러 럼이나 리큐르에 건과일을 담가서 쓰는 경우도 있지만, 전통 파네토네에는 럼을 쓰지 않는답니다! 잘 발효된 파네토네의 향은 요거트와 오렌지, 바닐라 등이 한데 어우러져 아주 향긋하고 달콤합니다.

	파네토네	슈톨렌
국가	이탈리아(밀라노)	독일
생김새	위쪽이 봉긋한 원통형. 종이 틀에 담겨 있음	납작하고 길쭉한 형태. 슈거 파우더로 코팅되어 있음
발효제	리에비토 마드레 혹은 상업용 이스트	상업용 이스트
식감	가볍고 부드러운 빵 식감	단면이 촘촘하고 묵직한, 케이크와 빵의 중간 식감
재료	밀가루, 버터, 달걀노른자, 설탕, 바닐라빈, 꿀, 건포도, 캔디드 오렌지 필 등	밀가루, 버터, 설탕, 우유, 향신료, 아몬드, 럼, 마지팬, 건포도, 캔디드 오렌지 필, 슈거 파우더 등
발효 시간	최소 18시간 이상	평균 2시간 이상
맛과 향	오렌지, 바닐라, 리에비토 마드레의 발효 향	향신료, 건과일, 견과류, 럼의 향

파네토네와 콜롬바 디 파스쿠아, 그리고 판도로

파네토네와 슈톨렌은 전혀 다른 두 개의 빵이었다면, 파네토네와 아주 비슷한 빵도 있습니다. 먼저 '콜롬바 디 파스쿠아*Colomba di pasqua*'입니다. 콜롬바 디 파스쿠아는 '부활절의 비둘기'라는 뜻으로, 이름 그대로 부활절에 먹는 비둘기 모양의 빵입니다. 파네토네와 반죽하는 방법, 레시피가 거의 비슷하고 맛과 향도 비슷한 편이에요. 단, 파네토네와 달리 건포도를 사용하기보다 설탕에 절인 오렌지 껍질만 사용하는 경우가 많고, 위쪽에는 달걀 흰자와 아몬드 가루, 설탕을 섞어 만든 글레이즈*Glassa*를 올린 뒤, 아몬드와 굵은 설탕*Granella di zucchero*을 뿌려 굽습니다.

무엇보다 가장 큰 차이는 모양을 만드는 방법이에요. 하나의 반죽을 둥글려 만드는 파네토네와 달리 콜롬바 디 파스쿠아는 반죽을 두 개로 나누어 길쭉하게 밀어 성형하고, 두 개의 반죽을 교차시켜 비둘기 모양의 틀에 채워 굽습니다. 파네토네도 재미있지만, 콜롬바 디 파스쿠아를 비둘기 모양으로 만들어 통통하게 발효된 모습을 지켜보는 것은 또 다른 재미랍니다.

다음은 '판도로*Pandoro*'입니다. '판도로'라는 이름이 혹시 익숙하신가요? 맞습니다. '팡도르'라고 불리는 빵이 바로 이 '판도로'를 비슷하게 만든 거랍니다. 별 모양으로 높이 구운 빵 위에 슈거 파우더를 듬뿍 뿌린 빵의 원조가 바로 판도로예요.

판도로는 크리스마스에 항상 파네토네와 경쟁하는 빵입니다. 이탈리아 사람들은 판도로 파와 파네토네 파로 나누어진다고 할 정도로 두 빵은 비슷한 듯 달라요. 파네토네가 밀라노에서 탄생했다면, 판도로는 베로나에서 탄생했다고 전해집니다. 파네토네에 들어가는 건포도나 설탕에 절인 오렌지 껍질을 싫어하는 사람들은 항상 판도로를 선택한다고 해요. 판도로에는 별다른 충전물이 들어가지 않기 때문입니다. 대신 동봉된 설탕이나 슈거 파우더를 뿌려 먹습니다(혹은 판도로 봉투 안에 슈거 파우더를 넣고 양념 감자마냥 흔들어 골고루 묻혀 먹기도 합니다).

판도로는 다른 충전물이 없으니 심심한 맛에 만들기도 쉽겠다고 생각할 수 있겠지만, 전혀 아닙니다. 전통 레시피로 판도로를 제대로 만들려면 오히려 파네토네보다 더 복잡하고 오랜 과정을 거쳐야 해요. 심지어 판도로에는 비가에 다량의 버터와 카카오버터, 바닐라와 달걀을 섞어 만든 혼합물까지 만들어 넣어야 완성할 수 있습니다. 제대로 된 판도로는 만들기가 아주 까다로워서 아무나 만들기 어렵다고 하지만, 그만큼 더 부드럽고 풍부한 맛의 빵이라고 합니다.

비슷한 듯 다른 세 가지 이탈리아의 빵! 여러분은 파네토네와 콜롬바 디 파스쿠아, 그리고 판도로 중에서 어떤 것이 가장 마음에 드시나요?

나의 파네토네 탐험기

크리스마스가 가까워지면 항상 해외 유튜브나 인스타그램에서 보이던 파네토네. 만드는 법을 찾아보고는 몇 년 동안 '이건 도저히 내가 만들 것이 아니다'라고만 생각했습니다. 파네토네를 위한 발효종부터 파네토네 반죽까지 정말 까다로워 보였거든요. 그러다 '까짓것, 한번 해보지 뭐!'라며 혼자서 탐험을 시작했어요. 처음 제가 파네토네를 탐험할 때만 해도 한국어로 된 자료는 하나도 없었고 배울 수 있는 곳도 당연히 없었습니다. 이탈리아 사람도 '파네토네는 집에서 못 만들어요'라고 할 정도로, 파네토네를 집에서 만드는 건 쉬운 일이 아닙니다. 레시피를 독학해 집에 있는 스탠드 믹서기와 작은 오븐으로 만들어 보느라 얼마나 많은 우여곡절을 겪었는지 모르겠어요. 이탈리아어, 영어 자료를 열심히 번역해 읽고, 공부하고, 만들어 보면서 얼마나 울고 웃었는지 모릅니다.

파네토네는 달걀노른자, 설탕, 버터가 많이 들어가는 빵이다 보니 한 번 실패하면 재료비도 많이 날렸습니다. 재료비뿐 아니라 파네토네를 만드느라 들인 3~4일의 시간도 공중분해되어 사라진 적도 많아요. 빵을 모르던 시기에 사워도우로 탐험을 시작했을 때도 고작 몇 개월만에 성공했는데, 파네토네는 정말 혼자서 공부하느라 2년은 걸린 것 같습니다.

파네토네는 그래서 유독 애착이 가는 빵입니다. 제가 혼자 파네토네를 공부하며 깨달은 중요한 점들을 여러분께도 알려드려요. 파네토네 공부를 하면서 막힌 부분이 있는 분들께 실마리가 되면 좋겠습니다.

· 리에비토 마드레의 산이 지나치게 쌓이지 않았는데도 너무 잦은 바녜또 *Bagnetto* (리에비토 마드레를 물에 담가 산을 제거하는 과정)를 하면 파스타 마드레의 힘이 약해지기 쉽다. 파스타 마드레는 와인 냉장고를 이용하면 조금 더 편리하게 키울 수 있다.

· 파네토네의 믹싱은 생각보다 더 오래 걸린다. 트윈 암 믹서, 스파이럴 믹서가 아닌 가정용 스탠드 믹서를 사용한다면 재료를 여러 번 나누어 조금씩 투입하며 믹싱하는 것이 필수다. 글루텐 구조를 충분히 잡아줘야 볼륨감 있는 파네토네를 만들 수 있다.

· 발효 온도, 습도를 일정하게 유지할 수 있는 환경이 중요하다. 집에서는 이런 환경을 만드는 것이 쉽지 않겠지만, 긴 발효 시간 동안 최대한 환경을 일정하게 유지할 방법을 찾아보자.

· 레시피를 절대적으로 믿지 마라. 사용하는 밀가루, 버터, 노른자, 리에비토 마드레의 수분율, 믹서, 작업 환경에 따라서 모든 것을 조율해야 한다. 전문가의 대량 생산 레시피는 홈베이킹용 장비로 100% 구현하기 어려울 수 있다. 기본적인 레시피를 토대로, 반죽 상태에 따라 조절하는 것이 필요하다.

· 버터, 노른자의 수분율이 반죽에 미치는 영향은 생각보다 크다. 어떤 제품을 사용하는가에 따라 같은 레시피라도 전혀 다른 반죽 상태가 만들어질 수 있다.

· 파네토네 위를 어떻게 마무리하느냐에 따라서도 전혀 다른 단면이 만들어질 수 있다. 글라싸를 얹은 것, 얹지 않은 것, 칼집만 낸 것 등 원하는 방법으로 만들어보자.

리에비토 마드레 만드는 법

발효종을 만드는 것처럼 리에비토 마드레 만드는 방법도 아주 다양합니다. 밀가루, 물만 섞어서 만들 수도 있고 건포도나 사과 껍질, 꿀 등을 활용할 수도 있습니다. 책에서 리에비토 마드레 만드는 법을 자세히 적기에는 내용이 방대해서, 추후 제 유튜브 채널에서 자세하게 소개하도록 하겠습니다. 제가 리에비토 마드레를 처음 만들었을때 참고했던 유튜브 영상 목록을 함께 공유하니, 궁금하신 분들은 확인해보세요.

- GialloZafferano, "LIEVITO MADRE di Gabriele Bonci" (혹은 웹사이트 GialloZafferano Italian Recipes의 "SOURDOUGH STARTER RECIPE (NATURAL YEAST): Guide for beginners")
- lily.artisan, "How to Create your Own Pasta Madre for Panettone"
- Cucino dunque Sono, "Lievito madre, come crearlo I Le Ricette di TerroreSplendore"
- Pasquale Cannatà, "LIEVITO MADRE fatto in CASA * FACILE partendo DA 0"

Recipe

재료

(15.5x5.5cm 몰드 2개 분량)

/1차 반죽

강력분 250g, 설탕 55g,
물 120g, 달걀노른자 50g,
무염버터 60g, 리에비토
마드레 60g

/2차 반죽

강력분 70g, 설탕 50g,
소금 4g, 달걀노른자 60g,
무염버터 130g, 꿀 20g,
오렌지 페이스트 30g,
바닐라빈 1/2개 긁어낸 것,
오렌지 필 100g, 건포도
100g

만드는 법

1차 반죽

1. 볼에 강력분, 리에비토 마드레, 물, 설탕을 넣어
   반죽기로 믹싱한다.

2. 반죽이 매끈해지고 얇게 늘어나면 달걀노른자를 두
   번에 나눠 넣으며 믹싱한다.

3. 노른자가 모두 흡수되고 반죽이 얇게 늘어나면
   무염버터를 두 번에 나눠 넣으며 믹싱한다.

4. 반죽이 윤기가 나고 볼에서 떨어질 정도로 믹싱이
   완료되면 볼에 옮겨 담고, 마르지 않게 덮어
   22~24도에서 세 배 발효시킨다(약 12~14시간).

2차 반죽

1. 볼에 1차 반죽 전량과 강력분을 넣어 반죽기로
   믹싱한다.

2. 반죽이 매끈해지고 얇게 늘어나면 설탕을 넣어
   믹싱한다.

3. 설탕이 모두 흡수되고 반죽이 매끈해지면 꿀, 오렌지
   페이스트, 바닐라빈을 넣고 믹싱한다.

4. 모든 재료가 잘 흡수되고, 반죽이 얇게 늘어나면
   달걀노른자를 두 번에 나눠 넣으며 믹싱한다.

5. 노른자가 모두 흡수되고 반죽이 얇게 늘어나면
   소금을 넣어 믹싱한다.

6. 반죽을 만졌을 때 소금 알갱이가 느껴지지 않을
   정도로 믹싱이 완료되면, 무염버터를 두 번에 나눠
   넣으며 믹싱한다.

7. 무염버터가 모두 흡수되고 반죽이 얇게 늘어나면
   불려둔 건포도, 오렌지 필을 넣어 가볍게 믹싱한다.

8. 반죽을 볼에서 꺼내 작업대에서 단단하게 둥글린
   다음 30분간 휴지시킨다.

9. 휴지가 끝난 반죽은 550g으로 나누어 둥글린 다음,
   수평으로 꼬챙이를 꽂아둔 파네토네 용기에 담는다.

10. 28~30도에서 약 3~5시간 발효시킨다. 반죽의
    가장 높은 지점이 파네토네 용기의 높이보다 1cm
    아래 정도로 부풀도록 한다.

11. 부푼 반죽 위쪽에 십자 모양으로 칼집을 내고, 버터
    한 조각을 얹은 뒤 160도에서 40~50분간 굽는다.

12. 구워져 나온 파네토네는 양쪽 꼬챙이 부분을 잡고
    뒤집어 걸어둔다. 반나절 정도 식힌 다음 먹는다.

🌥 Tip

- 파네토네를 만들 때는 파네토네용 용기와 꼬챙이가 필요해요.
- 가정용 스탠드 믹서로 만들 땐 반죽 온도가 지나치게 높아지지 않도록 주의하세요.
- 발효 온도를 일정하게 유지할 수 있는 환경이 중요해요.
- 파네토네용 밀가루를 사용하는 경우, 더 많은 양의 달걀노른자와 버터를 넣어도 좋아요.

판 데 무에르토
Pan de muerto

망자를 기리는 멕시코의 빵

멕시코의 대표적인 기념일인 '망자의 날*Día de Muertos*'을 아시나요? 멕시코 사람들은 이날 망자의 영혼이 가족과 친구를 만나러 세상에 내려온다고 믿습니다. 그래서 망자의 날에는 죽은 가족들과 친구들을 기억하며, 그들의 명복을 빕니다. 망자의 날이 다가올수록 거리는 화려한 꽃과 장식으로 채워지고, 망자의 날 당일에는 악단이 행진하고, 도시 이곳저곳에서 공연과 파티가 열립니다. 해골 분장과 꽃으로 머리를 장식한 사람들이 거리를 가득 메우죠. 멕시코에서는 죽음을 슬픔이 아닌 삶의 자연스러운 한 부분으로 받아들인다고 해요. 그래서 망자의 날에 애통해하는 것이 아니라 사랑하는 사람들을 기억하며 축제를 엽니다.

이 망자의 날에 빠질 수 없는 음식이 바로 망자의 빵, 판 데 무에르토입니다. 판 데 무에르토는 둥근 반죽 위에 해골과 뼈를 본뜬 장식을 얹어 구운 빵입니다. 망자의 날에 준비하는 제단에 빠지지 않고 올라가는 빵이라고 해요. 설탕과 버터, 달걀과 오렌지 껍질을 넣어 부드럽고 달콤하게 만든 멕시코식 판 둘세의 한 종류입니다.

반죽 자체만 봤을 땐 엄청나게 특별한 빵이라고 보긴 어렵지만, 이 빵의 독특함은 바로 장식에 있습니다. 뼈 모양 장식을 올리거든요. 먼저 길쭉하게 자른 반죽을 손가락으로 울퉁불퉁하게 밀어 뼈처럼 모양을 만듭니다. 그리고 뼈 모양 반죽 두 개를 빵 위쪽에 십자 모양으로 교차해서 올려요. 그 위로 해골처럼 작고 둥글게 만든 반죽을 올려 굽습니다. 다 구운 뒤에는 전체적으로 녹인 버터를 바르고, 흰 설탕이나 화려한 색의 설탕을 묻혀 마무리합니다. 처음 판 데 무에르토를 보고는 '이게… 해골?'이라고 생각했는데, 직접 만들다 보니 진짜 사람 모양처럼 보여서 신기했어요.

판 데 무에르토는 단순한 기념일의 빵을 넘어 멕시코의 문화와 정체성을 상징합니다. 멕시코뿐 아니라 미국, 캐나다, 스페인 등의 멕시코 디아스포라 공동체에서도 망자의 날에 빠지지 않고 등장하죠. 멕시코 내부에서도 지역에 따라 독특한 변형이 존재합니다. 판 데 무에르토는 독특하게 생긴 작은 빵 하나처럼 보일 수도 있지만, 사실은 멕시코의 다양한 지역 문화와 전통을 잇고 있는 일종의 유산과도 같습니다.

다양한 판 데 무에르토의 종류

판 데 무에르토의 기원은 크게 두 가지로 알려져 있습니다. 첫 번째는 아즈텍 문화에서 출산 중에 사망한 여성을 상징하는 여신에게 바치던 나비 모양의 빵 *Papalotlaxcalli*에서 변형되었다는 설입니다. 이 빵에 나비 모양을 새겨 굽고, 알록달록하게 채색했던 것이 현재의 판 데 무에르토로 연결되었다는 추측이에요.

두 번째로는 아즈텍 망자의 날에 사용하던 제물로부터 비롯되었다는 설입니다. 신의 형상을 본따 옥수수, 아마란스, 꿀 등으로 만든 반죽*Tzoalli*을 제물로 바친 뒤, 공동체가 함께 나눠 먹던 음식이 스페인 정복 이후 밀, 설탕, 달걀 등의 재료로 대체되어 빵으로 자리 잡았다는 이야기죠. 이와 별개로 고대 스페인에서 사용하던 '영혼의 빵*Pan de ánimas*'이 멕시코로 전해져 판 데 무에르토와 같은 형태로 발전했다는 설도 있습니다.

판 데 무에르토는 멕시코 다양한 지역의 전통 버전과 현대적인 버전 등 종류가 무척 다양합니다. 멕시코 전역에 400개 이상의 판 데 무에르토 레시피가 존재한다고 알려져 있을 정도죠. 종류별로 생김새도, 재료도 조금씩 다르지만 모두 망자나 선조를 기리기 위해 만들어졌다는 점, 주로 사람이나 동물의 모양을 하고 있다는 점이 유사합니다. 몇 가지 흥미로운 판 데 무에르토를 탐험해 볼까요?

판 데 무에르토 레예노*Pan de muerto relleno*

판 데 무에르토의 반을 가르고, 그 안에 다양한 필링을 채운 것. 생크림, 누텔라, 카라멜, 잼이나 과일 등에 이르기까지 주로 달콤한 재료를 사용해 만든다. 카이막과 비슷한 나타*Nata*를 넣은 것도 인기이다.

판 데 무에르토 네그로*Pan de muerto negro*

검은 판 데 무에르토라는 뜻의 빵. 옥수수 껍질을 불에 태운 다음, 검은 재로 만들어 설탕에 섞는다. 판 데 무에르토를 굽고 재와 설탕을 섞은 것을 골고루 묻혀 검게 만든다.

아니마스 데 아깜바로*Ánimas de Acámbaro*

양팔을 모으고 있는 사람 모양으로 만든 반죽을 구워낸 다음, 그 위로 흰 아이싱을 전체적으로 발라서 덮고 가운데에 붉은색 설탕을 뿌려 만든다. 판 데 무에르토 아니마스*Pan de muerto ánimas*, 판 데 판타스마스*Pan de fantasmas*라고도 불린다.

판 데 예마*Pan de yema*

달걀노른자 빵이라는 뜻으로, 일상에서 자주 먹는
빵이지만 망자의 날을 기념해 다양한 형태로 변형된다.
판 데 예마에 도자기를 채색해 만든 얼굴 장식*Caritas*을
꽂아 만들거나, 빵의 겉면에 깨를 묻혀 굽기도 한다.

판 데 무에르토 데 미틀라*Pan de muerto de Mitla*

미틀라*Mitla* 지역의 망자의 빵. 크고 둥근 빵을 구워낸 후 설탕,
달걀흰자, 레몬즙을 섞은 아이싱으로 화려한 무늬를 그려
만든다. 모든 장식은 수작업으로 이루어지며, 작업자에 따라
다양한 무늬를 그려 넣는다. 각각의 빵은 한 명의 고인을 상징하며, 정성스럽게
장식하여 망자의 날 제단에 올린다.

판 데 오프렌다*Pan de ofrenda*

미초아칸*Michoacán* 지역의 망자의 빵. 버터를 사용하지 않고 만든 단순한
반죽으로 다양한 형태를 만들어 굽는다. 농부, 여성과 같은 사람의 모양부터 꽃,
잎사귀, 토끼나 당나귀 등에 이르기까지 여러 가지 모양으로 만든다.

판 데 무녜코*Pan de muñeco*

'인형 빵'이라는 뜻으로 주로 게레로*Guerrero* 지역에서 많이 만드는 망자의 빵.
특히 칠판싱고*Chilpancingo* 지역에서는 빵 위에 분홍색 설탕을 군데군데 뿌려
마무리한 인형 빵이 유명하다.

망자의 날과 할로윈, 모든 성인의 날

판 데 무에르토와 망자의 날을 탐험하면서 떠올랐던 것은 '할로윈'이었습니다. 망자의 날과 할로윈은 기념일의 시기도 비슷하고, 둘 다 죽음과 관련한 날이죠. 할로윈이나 망자의 날 모두 '만성절*All Saints' Day*(모든 성인 대축일)'과 맥락을 같이 합니다. 이름 그대로 모든 성인을 기리는 축일로, 가톨릭 문화권의 여러 국가에서 기념하는 날입니다.

만성절 하면 떠오르는 일화가 있습니다. 폴란드의 만성절이었던 날, 할로윈 파티 복장으로 시끌벅적하게 지나가는 한 무리를 보며 폴란드 할머니 한 분이 혀를 차셨습니다. "할로윈이 아니라 만성절이야!"라고 하시면서 말이죠. 그땐 무슨 차이가 있는지 잘 몰랐는데, 판 데 무에르토를 탐험하며 이해하게 되었습니다. 멕시코의 망자의 날이나 유럽의 만성절에는 고인을 기리고 기념하는 의미가 반드시 담겨있다면, 할로윈은 조금 더 축제의 의미가 강한 것 같아요. 그래서인지 망자의 날에 관한 멕시코 인터뷰에서도 '우리의 전통은 할로윈과 다르다'라는 이야기를 종종 들을 수 있었습니다.

여러 유럽 국가에서 만성절을 기념하며 만드는 빵과 과자도 알아볼까요?

소울 케이크*Soul cake*

중세 영국의 쿠키에 가까운 케이크. 시나몬, 넛맥 등의 향신료와 커런트나 건포도 등을 넣고 작고 둥글게 만든다. 윗쪽에는 십자가 모양을 새긴다.

판 데이 모르티*Pan dei morti*

아몬드, 잣, 건조 무화과, 건포도, 럼이나 이탈리아의 디저트 와인 빈 산토*Vin Santo*, 코코아 등의 재료를 넣어 길쭉한 아몬드 모양으로 굽는 빵. 윗쪽에 슈거 파우더를 뿌려 마무리한다. 이탈리아 움브리아 주에서는 아몬드 가루와 잣, 달걀, 계피와 그라파*Grappa*(이탈리아의 포도 부산물로 만든 리큐르)를 넣어 동글동글한 콩 모양으로 빚은 '파베 데이 모르티*Fave dei morti*'를, 시칠리아에서는 초콜릿을 코팅한 부드러운 쿠키 '라메 디 나폴리*Rame di Napoli*'를 즐겨먹는다고 한다.

우에소스 데 산토*Huesos de Santo*

스페인 지역의 만성절 과자. 번역하자면 '성인의 뼈*Bones of Saints*'라는 뜻으로, 과자가 마치 뼈와 골수의 모양을 닮았다고 하여 이런 이름이 붙었다. 마지판을 길쭉한 원통형으로 만들고 달걀노른자와 설탕 시럽을 섞은 필링을 가운데에 채운다. 요즘은 잼이나 초콜렛 스프레드 등을 사용하기도 한다.

파넬렛*Panellets*

카탈루냐와 발렌시아 지역에서 즐기는 만성절 과자. 아몬드 가루와 달걀 흰자, 설탕을 섞어 만든 반죽을 작게 둥글려 여러 장식을 한 형태로, 겉면에 잣을 묻혀 굽거나 윗쪽에 설탕에 절인 체리나 통 아몬드를 붙여 굽기도 한다.

우리나라에서도 설날이나 추석에 성묘를 하거나, 제사를 지내며 조상과 고인을 기리는 것처럼 어느 나라에서나 곁을 떠난 사랑하는 사람들을 위한 날이 존재하는 것 같아요. 멕시코와 유럽 국가에서는 그런 중요한 명절에 빵과 과자가 빠지지 않는다는 점이 빵 탐험가로서 아주 흥미로웠습니다.

Recipe

재료

/반죽

강력분 250g, 설탕 30g,
우유 100~150g, 고당용
인스턴트 드라이이스트(골드)
5g, 달걀 2개, 소금 한 꼬집,
실온 무염버터 80g

/기타

달걀물, 녹인 버터 적당량,
설탕

만드는 법

1. 볼에 버터를 제외한 모든 반죽 재료를 넣어 매끈하게 반죽한다.

2. 반죽이 한 덩어리가 되고 얇게 늘어나면 버터를 넣어 마저 반죽한다.

3. 완성된 반죽은 둥글려 두 배로 발효시킨다(약 90~120분).

4. 반죽은 본체 약 60g 6개, 머리 약 5g 6개, 뼈 장식 약 18g 12개로 각각 분할한다.

5. 본체와 머리 반죽을 각각 둥글린다. 뼈 장식은 길게 늘여 손가락 세 개로 밀며 올록볼록하게 만든다.

6. 본체 반죽 위로 뼈 장식을 교차시켜 올리고, 머리 반죽을 붙인다.

7. 달걀물을 발라 200도에서 15~20분간 굽는다.

8. 한 김 식힌 다음 녹인 버터를 빵 위에 골고루 바르고, 설탕을 뿌리거나 묻혀 완성한다.

☁ Tip

- 성형 후에 발효를 거치면 장식이 부풀면서 뜯어질 수 있어요.
- 여러 개 대신 큼직한 한 개로 만들어도 좋아요. 뼈 장식을 여러 개 올려보세요.
- 멕시코처럼 반을 갈라 크림이나 스프레드 등을 샌드해도 좋아요.

피에르니키
Pierniki
폴란드의 크리스마스 생강 쿠키

밀가루, 꿀, 향신료를 사용해 만드는 폴란드의 진저브레드 쿠키 피에르니키는 폴란드를 대표하는 과자 중 하나입니다. 독특한 맛과 향으로 많은 폴란드인의 사랑을 받는 과자예요. 피에르니키는 쿠키이지만 도톰하고, 폭신한 식감입니다. 겨울이나 크리스마스 시즌에 특히 사랑받지만, 연중 폴란드의 어느 마트에서나 찾아볼 수 있는 대중적인 과자이기도 합니다.

피에르니키는 중세 시대부터 만들어져 내려오는 폴란드의 전통 과자입니다. 피에르니키라는 이름은 '후추 맛이 나는, 매운'이라는 뜻을 지닌 고대 폴란드어 '피에르니*Pierny*'에서 유래했습니다. 오래된 역사를 가진 만큼, 폴란드에서 피에르니키는 중요한 문화적 가치를 지닙니다. 한편으로는 사람들의 입맛에 맞게 다양한 버전으로 변신하며 꾸준히 사랑받고 있어요. 제가 가장 좋아했던 건 안쪽에는 자두잼이, 겉에는 초콜릿이 입혀진 피에르니키였습니다. 피에르니키, 초콜릿, 자두잼의 조합이 처음에는 사뭇 낯설었지만, 포근하고 향긋한 맛에 이내 마음을 빼앗겨버리고 말았습니다. 이 외에도 살구잼, 딸기잼, 체리잼, 헤이즐넛 스프레드, 마지팬, 코코넛 등 다양한 필링의 조합도 즐길 수 있습니다.

피에르니키의 도시, 토룬

피에르니키는 특히 폴란드의 도시 '토룬*Toruń*'에서 만든 것이 유명합니다. 피에르니키를 이야기할 때 토룬을 빼놓고 말할 수 없을 정도죠. 토룬의 피에르니키와 그 문화는 2025년 4월, 폴란드의 국가 무형 문화유산 목록에 등재되기도 했습니다. 그만큼 토룬은 피에르니키를 대표하는 도시입니다.

토룬은 중세 시대, 독일 북부 도시들을 중심으로 상업적 이익을 위해 결성된 한자*Hansa* 동맹의 중요한 무역 도시였습니다. 그래서 외국에서 수입된 다양한 향신료로 만드는 피에르니키가 탄생할 수 있었어요. 토룬에서 피에르니키가 처음 만들어졌을 때는 사치품에 가까웠습니다. 아무나 언제든지 먹을 수 있는 과자가 아니라, 왕실이나 귀한 손님에게 드리는 선물로 여겨졌죠. 지금은 마트에서도 쉽게 사먹을 수 있는 피에르니키이지만, 진짜 토룬식 피에르니키를 맛보러 토룬을 방문하는 사람들도 많습니다.

토룬의 피에르니키 중 가장 유명한 것은 '카타진키*Katarzynki*'입니다. '카타진키'는 작은 원이 6개 붙은 모양의 피에르니키를 특별하게 부르는 이름입니다. '카타진키'라는 이름은 제빵사, 제분업자의 수호 성인인 성녀 '카타쥐나*Katarzyna*'의 이름에서 따온 것으로, 토룬에서 성녀 카타쥐나의 축일을 기념하려 카타진키를 처음 굽기 시작한 것으로 알려집니다. 지금까지도 토룬의 피에르니키 박물관*Muzeum Toruńskiego Piernika*에서는 성녀 카타쥐나의 축일인 11월 25일마다 피에르니키 축제를 열고 크리스마스 준비를 시작해요. 토룬에 가신다면 꼭 피에르니키 박물관도 한 번 들러보세요.

피에르니키, 피에르닉, 피에르니츠키

피에르니키와 이름이 매우 비슷하지만 형태가 다른 과자도 있습니다. 바로

'피에르닉'과 '피에르니츠키'입니다. 세 가지 다 진저브레드 맛의 과자라는 점은 같습니다. 그래서 맛은 비슷해도, 만드는 법은 아주 달라요. 진저브레드 향신료는 주로 계피, 정향, 생강, 카다멈, 올스파이스, 고수 씨, 후추, 팔각, 육두구 등을 레시피마다 다양한 비율로 조합해서 사용합니다. 폴란드의 마트에서는 많은 식품 회사에서 만든 진저브레드 향신료를 저렴하게 구매할 수 있어서, 집에서도 간단하게 만들 수 있습니다.

피에르닉*Piernik*

폴란드의 진저브레드 케이크입니다. 피에르니키가 작게 반죽을 잘라 굽는 쿠키라면, 피에르닉은 케이크 반죽에 진저브레드 향신료를 넣어 구운 것입니다. 주로 케이크의 가운데 자두잼이나 살구잼을 바르고, 윗면을 초콜릿으로 코팅하여 완성합니다. 레시피에 따라 반죽 자체에 자두잼을 넣어 만드는 경우도 흔합니다.

다양한 레시피가 있지만, 전통 피에르닉 중 '피에르닉 스타로폴스키*Piernik staropolski*'는 독특한 공정으로 만들어집니다. 밀가루, 꿀, 버터, 진저브레드 향신료를 넣어 만든 케이크 반죽을 서늘한 곳에서 4~5주간, 최소 2주 이상은 숙성한 후에 굽는 것이 특징이에요. 오랜 시간 숙성시켜 단단해진 반죽을 여러 겹으로 구워, 반죽 사이 사이에 자두잼을 바릅니다. 그 다음 다시 12시간 이상 숙성시켜 잼과 반죽의 수분으로 케이크가 부드러워져야 비로소 완성됩니다. 오랜 시간 숙성하는 만큼 향이 더 진하고 깊어진다고 해요. 피에르닉 스타로폴스키를 만드는 데 가장 중요한 재료는 '시간'이라는 말이 있을 정도로, 오랜 시간을 필요로 하는 흥미로운 케이크입니다.

피에르니츠키*Pierniczki*

피에르니키가 폴란드의 전통 진저브레드 쿠키라면, 피에르니츠키는 크리스마스에 많이 먹는 진저브레드 쿠키를 뜻합니다. 피에르니키는 주로 도톰하고, 폭신한 식감으로 만든다면 피에르니츠키는 조금 더 바삭하게 굽고, 위에 아이싱으로 장식을 한 것도 많습니다.

물론 피에르니키와 피에르니츠키를 같은 뜻으로 사용하는 경우도 있습니다. 폴란드어 '피에르니츠키'는 '피에르니키'를 더 귀엽게 부르는 말이기도 하거든요. 하지만 대부분 피에르니츠키는 크리스마스를 위해 굽는 진저브레드 쿠키를 뜻하는 경우가 많습니다. 더 정확하게는 '크리스마스 피에르니츠키*Pierniczki świąteczne*'라고 합니다.

크리스마스의 쿠키인만큼, 겨울과 크리스마스를 상징하는 귀여운 모양들로 구워내고, 알록달록한 장식을 해서 마무리하기도 합니다. 우리에게 익숙한 크리스마스의 진저브레드 쿠키들은 대부분 바삭한 편이지만, 폴란드의 전통 과자 피에르니키가 부드러운 쿠키여서일까요? 폴란드에서는 크리스마스 진저브레드 쿠키도 부드럽게 굽는 레시피가 많이 보입니다. '부드러운 피에르니츠키*Pierniczki miękkie*'로 구분하기도 합니다.

유럽의 다양한 진저브레드

폴란드의 피에르니키 외에도 유럽의 많은 지역에서 진저브레드를 만나볼 수 있습니다. 특히 겨울이나 크리스마스가 다가오면 진저브레드 특유의 따뜻하고, 향긋한 맛이 인기를 얻죠. 이번엔 피에르니키 외에도 유명한 유럽 각국의 진저브레드를 탐험해 봅시다.

렙쿠헨Lebkuchen

독일을 대표하는 진저브레드 쿠키. 향신료와 꿀은 물론 아몬드, 호두 등의 견과류 가루나 밀가루를 넣어 만듭니다. 피에르니키처럼 작은 크기의 쿠키들도 있지만, 손바닥 정도 되는 큼직한 크기나 아이싱으로 글자나 장식을 올린 큼직한 렙쿠헨도 대중적입니다. 독일 내에서도 렙쿠헨으로 가장 유명한 지역은 뉘른베르크Nürnberg로, 뉘른베르크에서 만들어진 렙쿠헨만이 '뉘른베르크 렙쿠헨'이라고 불릴 수 있다고 합니다.

렙쿠헨은 다양한 레시피와 크기, 모양으로 만들어지는데, 그중에서도 최소 25% 이상의 견과류 가루를 포함하는 '엘리젠렙쿠헨Elisenlebkuchen'은 캔디드 오렌지 필이나 레몬 필 같은 건과일, 마지팬 등의 재료를 넣어 만든 고급 렙쿠헨이라고 합니다.

스페큘라스Speculaas와 스페큘루스Speculoos

독특하고 화려한 모양과 무늬로 유명한 스페큘라스와 스페큘루스는 네덜란드와 벨기에에서 성 니콜라스의 축일(12월 5일, 6일)이나 크리스마스 시즌에 즐겨 먹는 전통 진저브레드 쿠키입니다. 풍차, 집, 동물이나 성 니콜라스의 모양을 새긴 나무 틀에 반죽을 찍어 독특한 무늬를 새깁니다. 나무 틀은 작은 것부터 빨래판만큼이나 커다란 것도 있습니다.

네덜란드의 스페큘라스와 벨기에의 스페큘루스 모두 진저브레드 쿠키에서 시작했지만, 미묘한 차이가 있습니다. 스페큘라스는 향신료를 더 많이 사용해서 진한 향신료의 맛과 향이 느껴지고, 식감도 조금 더 단단한 편이에요. 반면 벨기에식 진저브레드인 스페큘루스는 네덜란드의 스페큘라스처럼 많은 향신료를 쓰는 대신 계피와 카소나드를 사용해 맛을 낸 쿠키입니다. 우리에게도 익숙한 '로투스 비스코프'와도 비슷해요. 뭔가 향긋하긴 하지만 향신료라고 하기보다는 카라멜의 향이나 맛이 더 강하게 느껴질 거예요.

　이 쿠키들은 16~17세기 네덜란드 동인도 회사가 유럽으로 대량의 향신료를 들여오면서 만들어지기 시작한 것으로 추정합니다. 비교적 향신료에 대한 접근이 용이했던 네덜란드에 비해 벨기에에서는 향신료를 구하는 것이 어렵고, 값도 네덜란드보다 더 비쌌다고 해요. 그래서 벨기에에서는 향신료 대신 갈색 설탕을 쓰는 레시피를 개발하게 되었다고 알려집니다.

스페큘라스

스페큘루스

페파르카코르 *Pepparkakor*

　스웨덴의 진저브레드 쿠키 페파르카코르는 이때까지 소개했던 진저브레드 쿠키 중에 아마도 가장 얇고 바삭한 식감을 지닌 쿠키일 것입니다. 독일의 렙쿠헨이 스웨덴으로 전해지면서 페파르카코르의 형태로 발전했다는 것이 가장 유력한 기원이에요. 스웨덴에서는 페파르카코르와 루세카터 *Lussekatter*(성 루시아 축일에 먹는 사프란 빵) 없는 크리스마스는 없다고 할 정도로 큰 사랑을 받는 과자입니다.

　스웨덴에서는 오랫동안 페파르카코르를 먹으면 친절해진다는 믿음이 있었다고 해요. 쿠키가 너무 맛있어서였을까요? 스웨덴 사람들이 추측하는 이유 중 페파르카코르의 향신료들과 과거 팽창제로 사용되었던 칼륨 성분이 소화를 도와주어서 그런 것 같다는 설명이 흥미로웠습니다. 속이 편안해지면 사람들은 기분이 좋아지고, 더 친절해질 수 있으니까요. 신기하게도 우리나라의 마시는 소화제 안에도 말린 생강(건강), 정향, 육두구, 육계(계피) 등의 향신료가 들어간답니다. 어쩌면 페파르카코르의 향신료가 소화 불량에 조금의 도움을 줬을지도 모르겠습니다.

이 외에도 영국의 '진저브레드*Gingerbread*', 프랑스의 '팡 데피스*Pain d'épices*', 스위스의 '바슬러 레컬리*Basler Läckerli*', 덴마크의 '브운케어*Brunkager*', 이탈리아의 '모스타치올리*Mostaccioli*', 러시아의 '툴스키 프랴닉*Тульский пряник*', 크로아티아의 '리치타르스카 세르차*Licitarska srca*' 등등… 다양한 세계의 진저브레드를 탐험해 보세요!

Recipe

재료

중력분 400g, 베이킹파우더 10g, 코코아파우더 약 20g, 향신료 20g(Tip 참고), 꿀 50g, 무염버터 150g, 설탕 80g, 차가운 달걀 2개, 아이싱(슈거파우더, 우유 적당량)

만드는 법

1. 냄비에 꿀, 버터, 설탕을 넣고 버터가 녹을 정도로만 데운다.

2. 1을 한 김 식힌 다음 차가운 상태의 달걀을 넣어 잘 섞는다.

3. 향신료, 코코아 파우더, 베이킹파우더를 체 쳐서 밀가루와 섞는다. 밀가루는 별도로 체를 치지 않아도 된다.

4. 3에 2의 액체 재료를 모두 넣어 잘 섞이도록 치대며 반죽한다. 반죽이 너무 되직하면 우유를 조금씩 넣어가며 반죽의 수분율을 조절한다.

5. 모든 재료가 잘 섞이고 매끈한 한 덩어리가 되면 덧가루를 가볍게 뿌린 작업대에 올려 밀대로 밀어 1cm 두께로 편다. 너무 얇게 밀면 찢어지기 쉬우니 주의한다.

6. 다양한 틀로 모양을 내어 오븐 팬 위에 팬닝한다.

7. 170도로 예열한 오븐에서 15분 정도 굽고, 충분히 식힌 다음 아이싱(13p 참고)이나 초콜릿으로 코팅한다.

- 향신료의 조합이나 양은 취향에 맞게 조절하세요(생강가루 10g, 계피가루 5g, 넛맥 가루 2g, 카다멈 가루 2g, 올스파이스 가루 1g 등). 시판 '진저브레드 스파이스'를 사용해도 좋아요.

- 반죽을 얇게 밀어 편 뒤 잼을 넣어 덮어서 만들어도 좋아요.

🧑‍🍳 에필로그 🧑‍🍳

여기까지 오시느라 고생하셨습니다. 여러분도 즐거운 세계 빵 탐험하셨나요? 이 책에서는 34가지의 빵을 큰 주제로 삼아 36개국, 약 170여 개의 빵을 탐험해보았습니다. 책을 쓰는 내내 세상이 정말 넓다는 것과 빵의 세계 역시 무궁무진하다는 것을 다시금 확인할 수 있었습니다.

처음 유튜브를 시작하며 '하오니의 빵탐험'으로 채널명을 정했을 때는, 빵을 알아가는 저의 탐험기를 기록하겠다는 목표가 있었습니다. 하지만 시간이 갈수록 빵을 잘 만들고 싶다는 욕심보다(물론 잘 만들고 싶은데 제 실력이 못마땅한 빵들도 많지만) 세상의 다양한 빵에 대한 호기심과 갈증이 생겨났습니다. 빵의 세상이 이렇게 넓은데, 늘 같은 빵만 굽고 싶지 않았거든요. 싫증을 빠르게 느끼고, 늘 새로운 것을 알고 싶어하는 제 성격이 빵 탐험에는 제격이었던 것 같습니다.

어릴 때부터 다양한 분야에 관심이 많았던 저인지라 무엇이든 하나를 깊게 파야 한다는 부모님의 걱정을 종종 들으며 자랐는데, 빵의 세계사 워낙 넓고 방대하다 보니 이 빵 저 빵 하나씩 알아보기만 해도 어쨌든 빵 '하나'를 깊게 파는 사람이 된 것 같아 뿌듯하기도 합니다. 처음 빵을 시작했을 땐 빵 이야기로 책을 쓰게 될 거라곤 상상조차 할 수 없었는데, 이런 일이 저에게 일어나다니 아직도 꿈만 같습니다.

먼저 제가 좋아하는 걸 같이 좋아해주신 구독자분들께 진심으로 감사드립니다. 혼자서 우당탕탕 빵 만들던 시절부터 지금까지, 늘 따뜻한 응원과 힘 나는 댓글 남겨주셔서 빵 탐험을 이어올 수 있었습니다. 그리고 이 책을 쓸 수 있도록 저를 발견해 주시고, 모든 과정을 사려 깊고 꼼꼼하게 진행해주신 김아현 에디터님께도 감사의 인사를 전합니다.

탐험가의 자질을 물려주시고 자유롭게 살 수 있도록 평생 응원해 주시는 모친과 부친께도 감사합니다. 지금 와서 생각해보면 두 분은 시대를 앞서간 탐험가셨습니다. (한결아 누나 책 썼다!) 빵과 삶을 마음껏 탐험할 수 있도록 물심양면 지원하며 늘 곁에서 힘과 사랑을 주는 그자에게 특별히 감사한 마음을 전합니다. (가끔 빵에게 아내를 뺏긴 사람으로 만들어 미안합니다.) 마지막으로 이 일을 좋아하는 마음을 주시고, 좋아하는 일을 하며 살 수 있게 해주신 나의 하나님께도 감사드립니다.

저는 계속해서 세상의 재미있는 빵을 탐험하고, 여러분의 빵 세상을 넓히는 빵 탐험가가 되겠습니다. 더 많은 분과 이 즐거움을 나눌 수 있게 되길 바랍니다. 감사합니다.

참고 자료

1 유엔식량농업기구, 2023

2 유엔식량농업기구, 2024

3 Pierre Delacrétaz, 《Les vieux fours à pain》, 2000, p.25

4 Museo del pane Forte 홈페이지

5 구글 아트앤컬쳐 Pane di Altamura

6 [Video] Insider Food, "How Traditional Italian Focaccia Bread Is Made In Genoa, Italy | Regional Eats", 2020.07

7 Laurel Evans, "Focaccia Di Recco: The Most Addictive Italian Food", Italy Segreta, 2022.04

8 Malin Kim, "Crispbread - an indispensable part of Swedish food culture", Allmogens, 2019.02

9 HeritageSites.ge, "ხაჭაპურის ტრადიცია საქართველოში", 2019.01

10 2025년 기준, 아르헨티나의 급격한 물가 상승의 영향으로 유제품 가격 역시 치솟았으나 푸가제타에 치즈를 듬뿍 사용하게 된 배경은 이러한 역사적, 환경적 맥락에 있다.

11 Benjamin Bryce, "Una breve historia de la inmigración italiana",

BridgeToArgentina

12 위와 같음

13 Alan Seabright, "Banchero Pizzeria", Buenostours, 2006.12

14 ExploreYeast, "Modern yeast production"

15 Vanessa Kimbell, "The History of Sourdough Bread", Sourdough, 2015.03

16 "[경상도 맛길기행 .49] 제과점 이야기 ⑵ 경주 황남빵", 영남일보, 2026.01.10

17 Marie Asselin, "「Pouding chômeur à l'érable (Québécois Maple Pudding)"

18 "Québec: la belle histoire du pouding chômeur", Agator.org

19 Henriette Schønberg Erken, 《Stor kokebok》, 1914

20 Natalia Ayerim Baltazar Flores, "Panadería mexicana: tradición, adoración e historia", Gaceta UAEH

21 St Albans Cathedral, "The Alban Bun".

오늘도 즐거운 세계 빵 탐험

신기하고 재미난 세계의 빵들, 하오니의 홈베이킹

초판 발행 | 2026년 1월 12일

펴낸곳 | 현익출판

발행인 | 현호영

지은이 | 하오니

편집 | 김아현

디자인 | 강지연, 정나영

사진 작업 | 김서영

주소 | 서울특별시 마포구 월드컵북로58길 10, 더팬빌딩 9층

팩스 | 070.8224.4322

ISBN | 979-11-94793-46-5

좋은 아이디어와 제안이 있으시면 출판을 통해 가치를 나누시길 바랍니다.
uxreviewkorea@gmail.com